密肋复合板结构节能建筑施工技术

姚谦峰　张　荫　编著

中国建筑工业出版社

图书在版编目（CIP）数据

密肋复合板结构节能建筑施工技术/姚谦峰，张荫编著. —北京：中国建筑工业出版社，2014.9
ISBN 978-7-112-17204-7

Ⅰ.①密… Ⅱ.①姚…②张… Ⅲ.①复合板-建筑结构-节能-工程施工 Ⅳ.①TB33②TU7

中国版本图书馆CIP数据核字（2014）第196127号

为适应住宅产业化和市场的需求，立足于国家生态节能、绿色环保及可持续发展的战略，研发了结构自重轻，抗震性能好，施工速度快，节能效果佳，建筑适应性强，社会及环境效益明显、经济效益显著的密肋复合板结构体系。

本书系统阐述了密肋复合板结构体系的研究背景与特点、结构工程与基本构件设计、墙体生产工艺及其安装、施工技术与工程实施、土方工程与地基基础、建筑防水及装饰工程以及密肋复合板结构工程质量控制与管理，施工组织设计与施工进度计划，工程经济及其发展前景。结合结构创新与工程实践特点，对密肋复合墙建筑体系施工技术的关键技术进行了总结分析，并通过示范工程建设，反映了新型节能建筑的最新研究成果，为密肋复合板节能建筑体系的推广应用提供参考。

本书可供勘察、设计、监理、施工人员阅读，也可作为土木工程专业本科生、研究生辅助教材及相关课题研究参考用书，对密肋复合板结构体系工程项目的实施培训教材。

责任编辑：蒋协炳
责任设计：李志立
责任校对：张　颖　姜小莲

密肋复合板结构节能建筑施工技术
姚谦峰　张　荫　编著
*
中国建筑工业出版社出版、发行（北京西郊百万庄）
各地新华书店、建筑书店经销
北京科地亚盟排版公司制版
环球印刷（北京）有限公司印刷
*
开本：787×1092毫米　1/16　印张：10　字数：240千字
2014年9月第一版　2014年9月第一次印刷
定价：**36.00**元
ISBN 978-7-112-17204-7
（25924）

前 言

为适应我国城镇建筑业的飞速发展及住宅产业化与市场的需求，根据国家关于节能建筑墙体改革、绿色环保、可持续发展的战略要求，体现“以人为本”的理念，满足工程结构的安全性、合理性和经济性及产业化的优势，进行标准化设计、工业化生产、机械化施工与规范化管理。姚谦峰教授主持的课题组于1990年开始，对密肋复合板结构体系进行了开发研究，项目先后由陕西省建设厅、西安市建委、西安建筑科技大学、总后建筑工程研究所、北京交通大学、建设部、科技部、教育部、国家自然科学基金委员会等先后立项并予以资助。课题由西安建筑科技大学建筑工程新技术研究所主持。1996年后，课题组在前期试验研究的基础上，总结经验、克服不足、取长补短，并加以完善提出了“密肋壁板轻框结构体系”，并进行了大量、细致、卓有成效的试验研究与实施工作，取得了较大的突破，从而使其成果系统化、理论化、实用化。2000年后，课题组据国内外建筑业现状及发展趋势，以及国家对建筑节能、绿色环保、房屋抗震的要求，制定了陕西省工程建设标准《密肋壁板结构技术规程》（DBJ/T 61－43）、河北省工程建设标准《密肋复合板结构技术规程》（DB13（J）64）。由西安建筑科技大学、总后建筑工程研究所、北京交通大学等相关部委与多个单位及高校在前期研究成果的基础上进一步研发出“密肋复合板结构”。其填充料结合当地材料、建筑装饰、防火与防水及施工条件等综合考虑，为在建筑工程中合理应用密肋复合板结构，做到安全适用、技术可靠、节能环保、经济合理、方便施工，住房和城乡建设部组织相关部门会同多个单位制定了行业标准《密肋复合板结构技术规程》（JGJ/T275）。

本书系课题组多年来的研发成果，凝结着全体参加成员的辛勤与努力，耗尽了课题组负责人姚谦峰教授的心血与汗水。先后培养了博士后与博士及硕士百余名。同时也浸透着他（她）们的辛苦与勤奋。饱含着多位专家教授与工程技术人员的刻苦攻关与戮力。在密肋复合板结构的后续研究中亦得到了国家科技部“十五”、“十一五”、“十二五”科技支撑计划项目（20012BAJ16B02在研）、国家自然科学基金项目十余项（51178385在研）、教育部、住房和城乡建设部、总后建筑工程研究所、中冶集团、陕西省、北京市、河北省、辽宁省、青海省、宁夏回族自治区相关部门与多家单位的大力支持与经济资助，使密肋复合板结构的开发与应用得以不断完善与提高。在此向所有参加密肋复合板结构体系项目研发与实施的全体成员及单位表示深深的谢意！

密肋复合板结构体系在大家的共同协作与努力下，曾获得国家科技进步二等奖、省部级科技进步奖一、二等奖、厅局级科技进步奖一等奖等十余项。并获取多项国家专利，为该结构体系的设计施工及使用起到了积极的效用。

本书是根据课题组多年来科研成果及工程应用而编写。编写的指导思想及特点为：一是力求涵盖密肋复合板结构体系的创新性，其研发的节能建筑结构设计的新理论与新方法；二是力求反映密肋复合板结构体系的实践性，概括其科研中相关实验、项目管理的原理及方法、施工技术；三是力求推广密肋复合板结构体系的适用性，通过试点工程实例，分析其节能环保，抗震构造效果；四是分析密肋复合板结构的经济性，探讨其经济与社会效益及推广应用前景。

本书由姚谦峰教授、张荫教授主编，参加结构部分工作的有：常鹏、袁泉、贾英杰、黄炜、周铁刚等；韩佑、梁帅、张彩阳及钱友平参与了部分施工管理与地基基础的编写。全书资料汇总由常鹏、卢俊龙、张程华等完成，图表清绘及校对等工作由刘立芳、贾正义、孙焕伟、方运泽、张鹏、袁洋、周磊、张延涛等研究生完成。

本书承蒙李惠民教授主审，陈平与赵冬教授参审。在初稿的编写的过程中，并得助于土木工程界多位专家的指导。同时，密肋复合板结构体系的应用与开发得到了建筑业界及同行专家的支持与好评，书中亦参考了多位专家、学者、单位及个人的科研成果及技术总结，在此一并表示感谢!

在《密肋复合板结构技术规程》JGJ/T 275 发行与应用之时，特向研发密肋复合板结构体系作出贡献的人们致敬！愿新型节能建筑结构体系的开发方兴未艾，为国家生态文明建设的发展而努力奉献。

由于编者水平有限，书中不足之处在所难免，项目研究与实施的相关单位与个人恕不能一一注明，敬请大家谅解并多提宝贵意见，恳请读者批评指正。

执笔者：张荫

目　录

第1章 绪 论

1.1 概述

密肋复合板结构是由西安建筑科技大学建筑工程新技术研究所、北京交通大学等单位共同研发的一种新型节能抗震建筑结构体系。具有自重轻，整体性强，抗震性能好，结构布置灵活等特点，通过调整墙体刚度，可以打破传统的建筑模式，给建筑设计带来诸多方便；墙体集围护、保温、承重为一体，可取代传统粘土砖，达到节能、节地的绿色建筑要求；采用装配整体式施工工艺，建造速度快，经济效益好，构件可标准化设计、工业化生产、机械化施工，从而实现产业化；具有显著的社会、环境及经济效益，有着广阔的推广应用前景。已由住房和城乡建设部、科技部先后列入科技成果重点推广计划。

1.1.1 我国建筑工程施工技术现状

随着经济的发展与社会的进步，世界各地兴建了一系列高层及超高层建筑与特殊构筑物，在钢结构及混凝土结构技术上，创造了新的辉煌，形成了包含现代科技的一系列施工新技术。改革开放以来，我国建筑业突飞猛进的发展，据不完全统计，近年来我国大陆地区建成具有代表性的高层建筑已有百余座，如：上海环球金融中心（101层、高492m），南京紫峰大厦（66层、高452m），深圳京基100大厦（100层、高442m）等。在其他建筑方面，上海杨浦大桥602m，在迭合斜拉桥类型中为世界第一，江阴长江大桥为世界特大跨度悬索桥梁之一。三峡大坝、黄河小浪底等水利水电工程为世界水利工程之最。京九、南昆、青藏等技术复杂之铁路新干线及多条高速铁路的建成，北京、上海、广州等各大城市轨道交通及地铁的大量修建，全国高等级公路的飞速发展，新建港口成批涌现，大批现代化体育设施及工业厂房的兴建，奥运场馆的建造，上海世博会各类异形展馆的修建。其工程数量之多，技术实施空前复杂。正是由于工程建设的促进，我国的施工建造技术在总体上已接近或超过发达国家水平，亦随着建筑业的发展，也为土木工程界提出了一个又一个亟须解决的难题与挑战。

各类建筑物的安全与可靠，从地基基础到上部结构的施工，从节能环保性、经济合理性进行绿色施工具有重要的意义。

1. 基础工程施工

（1）人工地基施工技术

由于现代建筑的高、大、难、深、复杂等，天然地基难于满足上部结构对地基承载力与变形的要求，常选用人工地基。人工地基是对天然地基处理后再建造建筑物。地基处理与加固技术：主要有换填垫层法、强夯法、砂石桩（石灰桩、土桩及灰土桩、水泥粉煤灰碎石桩）法、排水固结法、化学加固（水泥土搅拌法、高压喷射注浆法、灌浆法、单液硅化法和碱液法）法、土的加筋（加筋土挡墙、土工合成材料、土层锚杆、土钉）、托换与纠偏等技术。

桩基础：桩是设置于土中的竖直或倾斜的柱形基础构件，其与连接桩顶和承接上部结构的承台组成桩基础，是目前应用最为广泛的一种基础形式，其按施工方法不同可分为预制桩和灌注桩两大类。预制桩由于沉桩、运输、接桩、挤土效应等缺陷，当前使用量相对减少。混凝土灌注桩，可适用于不同岩土层、形成一定桩径、桩长、满足不同承载力的要求，当前使用较多。近年来，开发出长螺旋钻孔压灌成桩，适用于低水位作业，但其桩径、桩长受到限制，且只能局部配筋；泥浆护壁孔桩是一种传统桩型，由于其适用性强，已发展成高层建筑的主要桩型。为克服普通灌注桩桩底虚土和缩颈的缺陷，近年来发展起来的桩底、桩侧后注浆技术，和超声检测技术相结合，形成具有我国特色的超长灌注桩施工成套方法。在确定桩基承载力方面，除静载试验外，目前我国动测技术发展迅速，结合计算机应用，桩基动测技术已趋成熟。我国地基基础中桩基工程已形成多类桩基系列，成桩施工技术亦多样化接近国际水平。

(2) 基坑支护

基坑支护一般包括：挡土结构、防水帷幕、支撑技术、降水技术及环境保护技术等。基坑工程包括了围护体系的设置和土方开挖两个方面。基坑的开挖深度在基坑工程起主导因素，基坑场地的地质条件和周围环境决定支护方案，而基坑的开挖方式与基坑安全直接相关。常用的基坑围护结构形式有：放坡开挖及简易支护；悬臂式围护结构；重力式围护结构；内撑式围护结构；拉锚式围护结构；土钉墙围护结构，其他围护结构形式（门架式、拱式组合型、喷锚网、沉井、加筋水泥土、冻结法）等。

目前，我国常用的基坑支护体系主要有两种：一种是逆作拱墙。采用分层挖土，分层逆作拱墙，适用非软土场地；另一种是土钉墙，也是采用分层开挖，分层支护。适用一些低水位非软土场地。基坑支护技术的发展，无论是设计计算、工程应用、施工监测等方面正处于不断发展中。

(3) 大体积混凝土施工技术

大体积混凝土是指混凝土结构实体最小尺寸等于或大于1m，或预计会因水泥水化热引起混凝土内外温差过大而导致裂缝的混凝土。对于大体积混凝土施工，由于水泥在水化过程中产生热量，引起混凝土构件在升、降温过程中，其各部位温差应力及混凝土本身收缩等原因，易产生危及结构安全的裂缝。近年来，大体积混凝土施工技术有了新的飞跃，并采取有效措施控制浇筑质量：降低混凝土自身发热量；内降温、外保温。运用信息监测技术，及时调整和控制结构构件内外部分的温差；延长并作好养护工作；科学组织施工，提高浇注强度。

(4) 逆作法施工技术

逆作法是基础与上部结构同时施工的先进工艺，具减少和取消临时支护措施、降低成本及加快施工进度等优点，逆作法施工的关键技术是：

① 用地下连续墙作为永久地下室外墙；

② 对建筑主体结构柱下的承载桩，在成桩过程中要预先增加型钢支柱；

③ 先施工地面板，支承在型钢支柱与地下墙上，此地面板在挖土过程中对地下墙形成支承；

④ 在地下室最下部底板施工前，上部结构施工高度控制在钢支柱桩的安装承载力之内；

⑤ 各支柱及地下墙在施工过程中的沉降差控制在结构的允许范围之内；

⑥ 施工有顶盖的地下部分要保证安全与一定的效率。

2. 钢筋混凝土结构工程技术

（1）模板技术

我国自20世纪70年代开始引进钢管脚手架及钢模板技术，后来逐步发展成具有自己特色的型钢骨架加大型贴面模板以及各种新型的平面模板体系。有传统的支架模板和改进后的台模、飞模、排架式快拆模体系、独塔式快拆模体系等。各种竖向模板与脚手架体系有爬模体系、滑模体系、液压整体提升模板体系、分块提升式大模板、升板机整体式提升模板脚手架体系。

（2）钢筋施工技术

由钢筋工厂生产钢筋焊接卷网，在施工现场进行钢筋焊接骨架整体安装。通过绑条焊接、对焊、电渣焊、有压焊接、套筒冷压焊接、套筒斜纹连接、可调螺纹连接等多种连接形式。

（3）混凝土技术

20世纪50年代以来，混凝土结构在土木工程中的应用极为广泛，在混凝土材料方面，通过增加掺合料、化学外加剂、各种纤维以改善混凝土的性能。高强、高性能混凝土在工程中的应用日益广泛，在施工技术方面，泵送技术也有了很大的提高与改进。此外，国内外的结构吊装技术都有了突飞猛进的发展，开始由传统的机械吊装向大型化多机组合发展。

（4）预应力混凝土技术

预应力混凝土技术自20世纪50年代开始推广，使钢筋与混凝土充分发挥各自特性达到结构的最佳组合，以提高结构刚度和抗裂性能，减小结构构件断面，在一些大跨度钢筋混凝土结构工程上应用较多。预应力混凝土按预应力施加时间可分为先张法与后张法，按预应力筋与混凝土的连接程度可分为有粘结和无粘结两种，按预应力施加程度分为全预应力结构和部分预应力结构。

3. 特殊施工技术

如长距离隧道施工技术包括：盾构法施工技术、顶管法施工技术、沉管法施工技术、冻结法施工技术。对不同桥梁的施工技术有：斜拉桥施工、悬索桥施工等。

4. 绿色施工技术

（1）绿色施工的理念

绿色施工是绿色建筑全寿命周期的一个组成部分，是随着绿色建筑理念的普及而提出来的。绿色施工与绿色建筑一样，是可持续发展思想在施工中的体现。绿色施工主要包括封闭施工、降低噪声扰民、防止扬尘、减少环境污染、清洁运输、文明施工，减少场地干扰，尊重基地环境，结合气候条件施工，节约水、电、材料等资源和能源，采用环保健康的施工工艺，减少填埋废弃物的数量，以及实施科学管理、保证施工质量等。实现绿色施工，需采取措施。一方面明确的管理与技术方面的措施，如封闭、隔挡、洒水等；另一方面从政策上加以引导，加强立法、制定规范、推进建筑企业环境管理体系认证等。

（2）绿色施工研究

对于实行了绿色施工且通过了相关部门认证的工程项目，其工程施工对环境的具体影响目前难以确定。因绿色施工评估体系侧重评估措施本身，而不是评估采取措施后的效果，结果才是绿色施工最重要的方面。我国当前尚缺乏各种环境因素的定量评价指标，也无保证绿色施工在材料、设备、施工工艺方面的定量指标，因而须建立评定结果的评价系统。绿色施工是可持续发展的需要，涉及社会各职能部门、各专业学科、各建设单位和各个方面。绿色施工在我国才开始，很多课题有待于进行深入有效的研究。

5. 我国建筑工程建造技术的发展趋势

土木工程建造技术在近几十年有较大的发展与创新，但目前建筑施工至今仍以手工、半机械或机械作业为主体，劳动效率低，仍是一个劳动密集型产业。同时，施工技术中的现代高科技含量较低，施工技术的专业化程度亦不高。

随着工程建设的发展，施工技术亦随着工程规模的扩大及现代科技的发展而发展，应从不自觉进步到自觉创新，迅速促进发展，逐步赶上其他高端科技行业的发展。今后建筑施工技术发展的重点仍在于：

（1）研究开发新型建筑材料和提高化学建材在建筑中的应用

建筑材料与制品是建筑业发展的重要物质技术基础，我国建筑材料与制品的发展，是从满足建筑使用功能出发，因地制宜合理利用资源与节约能源，综合利用工业废料，推广应用新型建筑材料和相应的施工新技术。要重视高性能外加剂，高性能混凝土的研究、开发与应用。发展高强混凝土、高效预应力混凝土和特种混凝土，建立依强度、耐久性等多种指标设计与检验混凝土的成套方法。大力发展低合金钢和高效经济型钢。继续深化墙体改革，积极推广新型墙体材料，限用粘土砖。并有限发展住宅用的化学建材产品，研发“三废”利用，逐步发展高档产品，加速技术成果推广转化，提高化学建材与再生材料在建筑中的使用。

（2）大力推广应用计算机技术

目前，我国建筑业应用计算机技术特别是微机技术已逐步趋于成熟，由于计算机技术已向便捷化、网络化和多媒体发展，它与通信技术，自动化技术相结合，提高了工程建设、信息服务及科学管理的水平，也提高工作效率、节省投资，促进着建筑工业的技术进步和整体水平，对实现建筑工业现代化有着重要的作用。

大力推广应用计算机技术，建筑施工是建筑业计算机技术应用的一个非常重要的领域。计算机辅助施工（Computer Aided Construction）技术主要用于施工企业管理和辅助施工项目建设的全过程，也是加速与国际接轨的重要措施。

（3）提高建筑工业化水平

建筑工业化是通过建筑业生产方式的变革，即向社会化大生产过渡，大幅度地提升了劳动生产率，加快建设速度，亦提高了经济效益和社会效益。建筑工业化以科技为先导，采用先进的技术、工艺和装备，科学合理地组织工程项目的实施，发展用高新技术的产品取代质量低、性能差、能耗高、污染严重的机械设备，提高施工机械化水平，减少繁重人工劳动；发展建筑构配件制品、设备生产，并形成适度的规模经营，为建筑市场提供各类建筑适用的系列化建筑设备产品；不断提高建筑标准水平，采用现代化管理方法和手段，优化资源配置，实行科学管理，培育和发展技术市场和信息管理系统。

（4）研究开发建筑施工新技术，提高建筑科技整体水平

当前，我国正处于一个新技术迅速发展的时代，科学技术的进步决定着生产力发展水

平和速度，建筑业新技术主要研发建筑节能技术、高层建筑与空间结构技术、建筑地下空间技术、建筑施工技术和关键装备等。要加大新技术推广应用的力度，加强对新技术、新工艺、新材料、新设备中科技成果的推广转化，并利用新技术试点工程项目起到示范和先与辐射作用，提高建筑业整体水平。

（5）要做到设计与施工一体化，尤其在特殊结构或特大型结构工程中，设计与施工要紧密结合，共同开发，以期在施工技术上有新的突破。

（6）大力发展与运用集成技术，使现代管理与现代施工技术有机结合，建立建筑业技术发展的新模式，以实现我国建筑业的现代化。

（7）构建工程设计人员职业状况评价指标体系、提高工程设计与施工人员的业务素质和执业水平，促进建筑业的发展。

1.1.2 密肋复合板结构的研究背景

由于能源、环境已成为影响我国国民经济及可持续发展的重要问题，住宅产业目前仍处于粗放型的生产阶段，住宅结构形式单一，建筑工业化程度差，劳动生产率低，技术含量不高，能源和原材料消耗大。我国采暖地区住宅单位面积耗能是同气候条件下发达国家的3倍，墙体采用新型墙材的比例只有发达国家的18%左右。特别是粘土砖仍占墙体材料的70%以上，但粘土砖在建筑使用功能、施工技术等方面存在着一定的弊端，如生产能耗高、毁田多、自重大、施工繁、抗震性能差等，严重制约了我国建筑业的可持续发展。

随着城市化进程的加快、人口的膨胀、土地的锐减，使人类面临严峻的挑战，节约土地、节约能源、保护环境迫在眉睫。传统住宅建设的落后与人类社会的进步形成明显的反差，采用高新技术加快传统建筑业的技术进步和优化升级，积极探索新技术、新材料、新工艺在住宅建筑中的应用，发展轻质高强、抗震性能好、节能保温效果佳、施工简便、经济实用、绿色环保且适宜于产业化发展的新型住宅结构体系已成为住宅建设业全新的发展方向。

在我国建设资源节约型社会这一紧迫形势下，从合理的结构构造形式和适宜的墙体材料两方面入手，课题组研发出的一种新型节能住宅结构体系——密肋复合板结构体系(Multi-Ribbed Slab Structure)，它是由预制的密肋复合墙体、现浇的边缘构件、连接柱和楼板组合而成（见图1-1）。

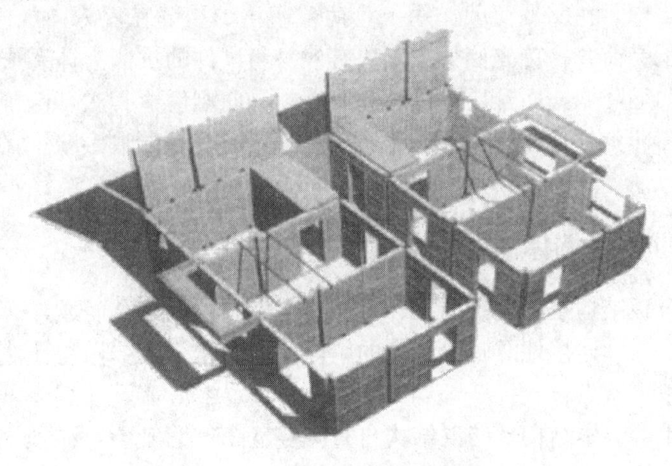

图1-1 密肋复合板结构构造图

密肋复合墙体是由截面及配筋较小的钢筋混凝土肋（肋梁和肋柱）构成框格，内嵌加气混凝土砌块（或其他具有一定强度的轻质骨料砌块）预制而成的板式构件，是密肋复合板结构的主要承力构件。由钢筋混凝土边缘构件、连接柱及楼层暗梁组成的现浇混凝土构件，约束密肋复合墙体，并与之共同受力。连接柱是布置在门窗洞口边或墙体之间、主要起连接作用的小截面柱，与墙体等厚，截面高度一般在400mm以内。由密肋复合墙体与边缘构件、连接柱及暗梁组合的墙肢或墙段称为密肋复合墙体（见图1-2）。

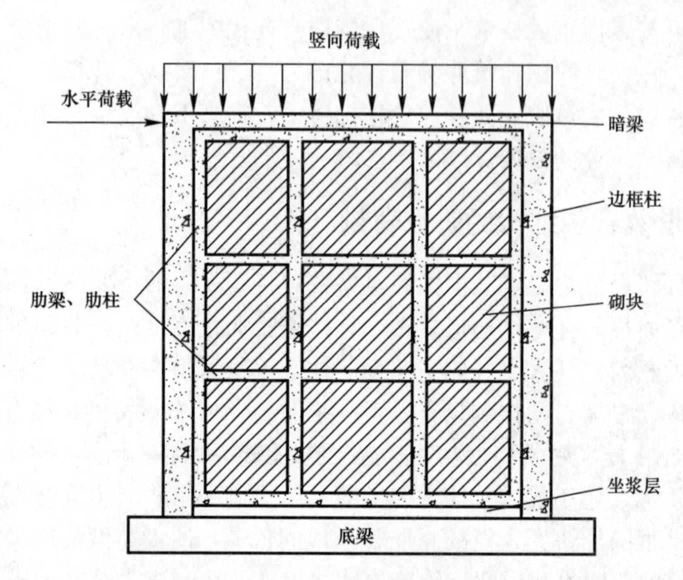

图1-2　密肋复合墙体示意图

1.2　密肋复合板结构特点

密肋复合板在水平荷载作用下与现浇边缘构件共同工作，一方面受到边缘构件的约束，另一方面又对现浇边缘构件进行反约束，两者相互作用、共同受力、充分发挥各自性能。因此，密肋复合墙体在密肋复合板结构中不仅起围护、分隔空间和保温的作用，且与边缘构件一起承担结构的竖向及水平荷载。另外，填充块由于受到框格的约束，其裂缝被限制在一定范围之内，在反复荷载作用下，荷载产生的裂缝在反方向加载时将趋于闭合，并能继续有效地承受荷载，首先使得填充块有效参与试件的抗侧力体系成为可能，不仅墙体承载能力不会明显降低，而且还可以提高墙体的侧向刚度；其次，由于众多填充块在约束条件下的开裂与非弹性变形，类似一耗能装置，从而有效地提高了结构的变形能力和延性。

1.2.1　密肋复合墙体

由于密肋复合板结构是由密肋墙板、现浇连接件和楼板组合而成，而密肋复合墙体是由密肋墙板与边框柱、连接柱及暗梁组合的墙体。密肋复合板结构与其他功能相同的结构体系相比，具有以下特点：

（1）结构自重轻。本结构比砖混结构自重减轻近35%，比空心砖填充墙框架自重减轻30%，比剪力墙结构自重减轻33%。从而减小了地震作用、材料用量和地基处理费用。

(2) 抗震性能好。本结构体系属中等刚性结构，其刚度介于框架和剪力墙结构之间。与框架结构相比，变形能力稍低，承载能力有较大提高；与剪力墙结构相比，承载能力稍低，变形能力有显著改善；与砖混结构相比，承载力提高 1.6～1.8 倍，极限变形为其两倍以上。同时，本结构根据“填块→框格→外框”的破坏模式可实现分级能量释放，从而形成结构体系的多道抗震防线。

(3) 施工速度快。复合墙体制作简单，既可工厂化生产，亦可现场制作，大大减少了传统结构高空作业的工作量，加快了施工速度。

(4) 节能效果佳。225mm 厚的新型复合外墙体，其总热阻大于 615mm 厚黏土实心砖墙，接近 490mm 厚空心砖墙，采用本成果整体式外保温技术后，已实现国家规划的建筑节能 65%的标准。

(5) 结构适应性强。本结构适用于多层、中高层住宅及办公楼，也可和其他结构体系组合使用，且平面布置灵活，刚度可按需调整。

(6) 社会及环境效益明显。据统计，每建 1 万 m^2 的建筑，可避免挖土毁田 1.2 亩，消耗工业废渣 2000～3000m^3，保护了环境，维护了生态平衡。

(7) 经济效益显著。墙体原材料来源广泛，价格低廉，房屋土建造价较低。工程实践证明：本结构土建造价比砖混结构降低 4%～6%，比框架结构降低 10%～12%，比剪力墙结构降低 15%以上，同时因墙体厚度减小还可增加房屋实际使用面积 6%～8%。

1.2.2 密肋复合楼盖

密肋复合楼盖由纵横向梁式钢筋骨架或型钢构成肋格，填充块体做内模现场整浇而成的楼盖体系（见图 1-3）。

密肋复合楼板近年来广泛用于大跨度空间的建筑，在借鉴国外先进设计和施工经验的基础上产生并逐步得到广泛应用。大开间住宅由于功能分区可变，户型灵活多样，能结合用户需求灵活分隔室内空间，便于用户参与室内设计，可较好地满足不同户型家庭的需求而备受住户的欢迎。根据工程实际使用状况及测算分析比较，在大开间住宅楼盖结构中应用复合楼板的优点主要有：刚度大、整体性好；节省混凝土、自重轻；用钢量低；施工便利；造价低。

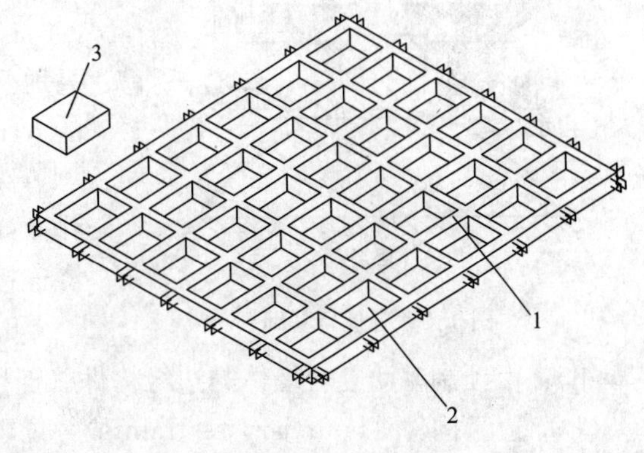

图 1-3　密肋复合楼盖构造示意

1—肋梁；2—填充块体做内模；3—填充块体

根据我国抗震要求，为保证楼板具有较好的整体性和水平刚度，楼板应率先采用现浇钢筋混凝土板，而作为现浇楼板结构形式之一的复合楼板，具有其良好的经济性和实用性，在大开间住宅结构中具有广阔的应用前景。

密肋复合楼盖的整体布置应能合理传递荷载，设计应有明确的计算简图，计算分析模型应能反映结构的实际受力状态；柱支承楼板结构可根据建筑设计和结构计算的要求设置柱帽或托板。密肋复合楼盖结构在竖向荷载和水平荷载作用下的内力及位移计算，宜采用空间模型有限元方法或等代框架杆系结构有限元方法进行计算；结构分析宜采用弹性分析方法，在有可靠依据时可考虑内力重分布，当按内力重分布时应考虑正常使用要求；密肋复合楼盖在荷载作用下各区格板的梁挠度和裂缝宽度的计算及相关设计要求应执行现行国家标准《混凝土结构设计规范》(GB 50010) 中的相关规定。

密肋复合楼盖可根据需要将上部或下部面层一次整浇成形，可替代传统的预制空心板、井字梁板、普通现浇楼板等，适用于较大跨度、各种荷载的建筑。对于层数较低及非抗震设计的密肋复合板结构，也可采用预制的密肋复合楼板，经现场装配或装配整体式构造形成楼盖系统。

做内模的填充块体可由轻质砌块或预制成型的轻质空心箱体、配筋空心腔体等组成。当为配筋空心腔体时，一般不再要求上下叠合层，腔体的上面板按受力构件进行设计及构造，下面板须满足抗裂及悬挂重物的要求。

1.2.3 基本概念

在密肋复合板结构体系施工中，应理解的基本概念主要有：

1. 场地 (site)：是指工程建设所直接占有并直接使用的有限面积的土地。

2. 地基 (foundation soils, subgrade)：为支撑基础的土体或岩体（即受结构物影响的那一部分地层）。

3. 天然地基 (natural ground)：它是直接支承结构物的天然土层。

4. 人工地基 (artifical ground)：它是指软弱土层经加固后支承建筑物的地基。

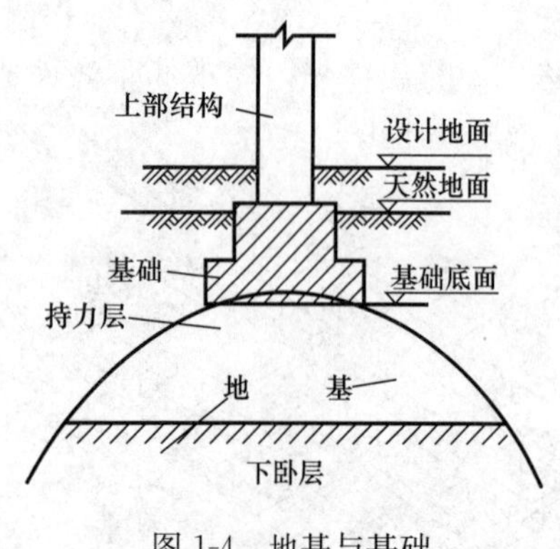

图 1-4 地基与基础

5. 基础 (foundation footing)：是结构物向地基传递荷载的下部结构，其具有承上启下的作用（见图 1-4）。

6. 地基处理 (ground treatment)：是指为提高地基承载力，改善其变形性质或渗透性质而采取的人工处理地基的方法。

7. 密肋复合板结构 (multi-ribbed composite slab structure)：由预制密肋复合墙体、楼板及现浇连接构件结合而成的结构体系。

8. 密肋复合墙体 (multi-ribbed composite wall)：由预制密肋复合墙体与边缘构件。连接柱及连接梁组合形成的墙体。

9. 边缘构件 (boundary restraints)：位于高层密肋复合墙体两端和洞口两侧的钢筋混凝土现浇构件。

10. 连接柱 (connecting column)：位于多层密肋复合板结构墙体端部和中间、高层密肋复合板结构墙体之间的钢筋混凝土现浇构件。

11. 连接梁 (connecting beam)：位于预制密肋复合墙体上方，连接楼板和墙体的钢筋混凝土现浇连接构件。

12. 密肋复合楼盖 (multi-ribbed composite floor system)：由纵横向梁式钢筋骨架或型钢构成肋格，填充块体做内模现场整浇而成的楼盖体系。

13. 结构保温一体化构造 (integration of thermal insulation and structure)：密肋复合板结构构件与附加保温材料整体制作的外墙及屋面板保温构造。

14. 连接桥（connecting bridge）：连接结构与保温材料的连接件。

15. 施工组织（construction organization）：是根据批准的建设计划、设计文件（施工图）和工程承包合同，对建筑安装工程任务从开工到竣工交付使用，所进行的计划、组织、控制等活动的统称。

16. 质量控制（quality control）：为达到质量要求所采取的作业技术和活动称为质量控制。即质量控制是为了通过监视质量形成过程，消除质量环上所有阶段引起不合格或不满意效果的因素。以达到质量要求，获取经济效益，而采用的各种质量作业技术和活动。

17. 工程经济（engineering economy）：是把科学研究、生产实践、经验累积中所得到的科学知识有选择地、创造性地应用到最有效地运用自然资源、人力资源和其他资源的经济活动和社会活动中，以满足人们需求。

18. 建筑节能（building energy conservation）：指在建筑材料生产、房屋建筑和构筑物施工及使用过程中，满足同等需要或达到相同目的的条件下，尽可能降低能耗。

19. 节能建筑（energy-efficient buildings）：指遵循气候设计和节能的基本方法，对建筑的空间环境进行研究后，设计的低能耗建筑。

节能建筑的设计原则有：节能建筑设计应贯彻“因地制宜”的设计原则；建筑外围护结构的热工设计应贯彻超前性原则；建筑设计者要有社会责任感。

1.3 密肋复合板结构节能建筑施工

我国地域辽阔，各地气候、环境、地质条件差异，绝大部分地区或冬季寒冷，或夏季炎热。近年来，随着人民生活水平的提高和我国建筑业的快速发展，建筑耗能正在逐步提高，建筑节能已经成为关系国计民生的重大问题。因此在建筑规划设计、施工和使用过程中，采取合理有效的施工节能技术有利于实现建筑节能和环保的目标。在建筑施工时，合理选择建筑地址、采取合理的施工工艺设计和建筑形体，以改善既有的微气候。合理的建筑形体设计是充分利用建筑室外微环境来改善建筑室内微环境的关键部分，主要通过建筑各部件的结构构造设计和建筑内部空间的合理分隔设计得以实现。

建筑节能意义重大，具体体现在以下几点：（1）建筑业发展的需要。目前新建建筑数量迅猛增加，能耗也急剧上升，要走可持续发展道路，必须实施建筑节能；由于人民生活水平的提高，建筑热环境的舒适性逐渐成为人民生活的主要目标，通过建筑节能可以提高建筑热环境的质量和保护生态环境；（2）建筑节能是我国减轻大气污染的需要；（3）建筑节能是社会经济发展的需要。建筑节能与人民的生活息息相关，虽然我国能源丰富，但由于我国人口众多，人均资源量远远低于世界平均水平，目前我国能耗消耗量排名世界前列，其中建筑直接能耗约占社会总能耗的 1/3。因此，我国目前的能源状况比较严峻，要使建筑业沿着健康良性的发展道路走下去，建筑节能势在必行，建筑节能施工技术也需要不断创新，努力降低能源消耗，提供能源使用率。

建筑节能主要包括建筑照明、空调和采暖等的节能，建筑节能过程中要与改善建筑舒适性统一考虑。建筑节能主要是指房屋的使用、新建、设计、改造和规划过程中采用节能型材料、工艺、设备、技术和产品，执行节能标准，建筑内热循环质量在得到保证的前提下，多利用可再生资源，减少照明、供热等能耗，提高空调制热制冷系统的效率，加强建筑的系统运行管理。

建筑节能施工技术对于建筑节能质量有着重要影响。一般在建筑节能实施过程中，建筑节能施工技术遵循以下原则：

(1) 建筑材料要优先考虑建筑节能材料。提倡使用节能型的门窗及其密封条；为提高隔热保温性能，采用节能型墙体和屋面，提倡使用聚氨酯、发泡聚苯乙烯、玻璃棉等高效的保温材料；减少传统实心粘土砖等材料的使用，考虑多用粉煤灰制品、空心粘土砖、空心砌体等新型材料。

(2) 严格贯彻执行建筑节能设计要求。重新回收余热废热，提倡使用地热、太阳能等可再生资源；充分利用自然光，积极应用人工照明，使用高效、耐用的光源和灯具、采取必要供暖供冷手段，按照能源实际供应条件，改善建筑热环境，为住户创造必要的日照条件和良好的通风，重视建筑环境设计，为建筑节能的实施创造良好的室外条件。

结合目前建筑节能发展现状，我国通常采用的建筑节能施工技术措施主要包括以下几个方面：①屋面保温隔热；②门窗保温隔热；③墙体保温隔热。

建筑节能工作是一项复杂的系统性工程。在进行节能设计时要根据环境、地质等条件综合分析，做出最适合的建筑节能计划和目标。此外，建筑节能要重视使用功能的要求，同时还要考虑舒适性和安全性。总之，建筑屋面、门窗、墙体等保温隔热施工是房屋节能效果的关键，在工程实际中，必须重视并加大该方面节能施工技术的研究，争取提高能效，降低能源消耗，使建筑节能工作做得更好。

由于密肋复合板结构建筑节能在于：密肋复合墙体不仅起到围护、分隔空间和隔声保温作用，还作为承力构件使用，可减小构件截面尺寸及配筋量，降低结构经济指标。由于其独特的构造特点，可与各种节能技术良好结合。近年来，虽然我国在房屋建筑节能施工技术研究方面有一定的进展，但仍存在较多问题，特别是针对新型建筑结构的节能施工技术问题。因此，加强密肋复合板节能施工技术及其应用的研究对我国节能建筑有着重大的意义。

1.4 密肋复合板结构的发展前景

密肋复合板结构可根据建筑的不同功能及结构抗震要求，采取不同的结构形式，常用的密肋复合板结构形式及其应用如下：

(1) 多层密肋复合板结构可应用于6～8层住宅及办公等建筑，旨在取代传统的砖混结构；

(2) 底部大开间密肋复合板结构可应用于12层以下，底部1～2层大空间、上部小开间的办公及住宅等建筑，以取代或部分取代底框砖混结构及小高层框支剪力墙结构；

(3) 中高层密肋复合板结构可应用于80m以下住宅及办公等建筑，旨在取代或部分取代框架或剪力墙结构。

由于密肋复合板结构符合国家提出的墙体材料革新及节能建筑的要求，而且具有明显的社会、环境效益以及显著的经济效益，对建筑工程的科技进步必将起到较大的推动作用。进入21世纪以来，随着我国城市化进程的加快和人口不断增长，住宅建设将持续高速发展。据预测，2020年将我国人均住宅建筑面积提高到34m^2。可见，作为本结构体系应用的最大住宅市场，在今后的一段时期内，密肋复合板结构必将具有良好的开发潜力及广阔的应用前景。因此，对其建筑体系节能施工工艺方法的研究，将为结构体系的推广应用起到至关重要的作用。

第 2 章　密肋复合板结构设计方法

密肋复合板结构是一种新型的节能建筑结构体系，同时在设计中考虑建筑的节能性，其设计原则与常规建筑结构设计原则相同，设计时考虑的极限状态分为承载能力极限状态和正常使用极限状态两类。鉴于我国的结构设计规范已借鉴国际组织“结构安全度联合委员会”提出的以概率理论为基础的极限状态设计方法，密肋复合板结构的设计亦以此理念为基础。对于密肋复合板结构中的主要承力构件——密肋复合墙体，由于其中填充砌块强度较低，材料变异性大，因而，对于墙体构件及墙段的承载力、刚度等均有较大的影响，以某种失效模式判别墙体构件的抗力状态时，墙体构件可靠指标的计算应能充分反映填充块材料特性的统计特征。

结构、构件以及连接节点，应根据承载力极限状态及正常使用极限状态的要求，分别进行下列计算及验算：（1）结构、构件均应进行承载力计算；（2）根据使用条件需控制变形的结构及构件，应验算变形值；（3）根据使用条件不允许混凝土出现裂缝的构件，应进行抗裂验算；对使用上需限制裂缝宽度的构件，应进行裂缝宽度验算；（4）预制构件尚应对其脱模、起吊和运输安装等施工阶段进行承载力及裂缝控制验算。

2.1　密肋复合板结构概念设计

由于密肋复合板结构体系属于装配整体式结构，其水平侧移刚度和受力性能总体上介于框架和剪力墙结构之间，与框架-剪力墙结构相当。因此，该体系结构设计的基本要求也应以框架、剪力墙、框架-剪力墙结构体系为参照并考虑自身特点进行规定。当考虑密肋复合墙体与框架柱或剪力墙等组合而成共同的抗侧力体系时，则可根据实际设计中各类抗侧力构件所承担侧向力的大小确定对各构件的要求。

密肋复合板结构设计中应重视结构的选型和构造，择优选用抗震及抗风性能好而经济合理的平、立面布置方案，在构造上应加强连接。在抗震设计中，应保证结构的整体抗震性能，能使整个结构有足够的承载力、刚度和延性。

密肋复合板结构在进行结构布置时，在满足其有关特殊要求外，尚应符合国家现行《建筑抗震设计规范》（GB 50011）及《钢筋混凝土高层建筑结构设计与施工规程》（JBJ 3）的相关规定。

2.1.1　结构适用高度

（1）多层密肋复合板结构房屋的适用层数和总高度应符合表 2-1 的要求。

房屋层数与总高度限值　　表 2-1

类　别	非抗震设计	抗震设防烈度			
		6 度	7 度	8 度（0.2g）	8 度（0.3g）
层数	8	8	7	6	5

续表

类　别	非抗震设计	抗震设防烈度			
		6 度	7 度	8 度（0.2g）	8 度（0.3g）
总高度（m）	24	24	21	18	15

注：① 房屋的总高度指室外地面到主要屋面板板顶或檐口的高度，半地下室从地下室室内地面起算，全地下室和嵌固条件好的半地下室应允许从室外地面起算；对带阁楼的坡屋面应算到山尖墙的 1/2 高度处；
② 若室内外高差大于 0.6m 时，房屋总高度应允许比表中的数据适当增加，但不应多于 1.0m；
③ 对于乙类建筑的多层密肋复合板结构房屋仍按拟建地区抗震设防烈度查表，其层数应减少一层且总高度应降低 3m；
④ 对于横墙较少的多层密肋复合板结构房屋，总高度应比表（2-1）中所列规定降低 3m，层数相应减少一层；各层横墙很少的多层密肋复合板房屋，还应再减少一层。

（2）高层密肋复合板结构房屋的适用高度应符合表 2-2 的规定。

高层密肋复合板结构房屋的最大适用高度（m）　　**表 2-2**

烈度	非抗震设计	6 度	7 度	8 度（0.2g）
高度	80	80	70	60

注：当密肋复合板结构若与较多现浇剪力墙或筒体组合，经计算分析满足各项指标，最大适用高度可适当提高。平面和竖向呈不规则的结构或Ⅳ类建筑场地上的结构，最大适用高度应适当降低，并进行严格控制。

2.1.2　结构平面布置

密肋复合板结构房屋的平面宜简单、规则，刚度和承载力分布均匀。对于较复杂平面宜使纵、横墙布置对称，减少偏心，使扭转造成的影响较小；当建筑平面过于狭长时，地震波的输入在建筑物两端的相位差容易产生不规则振动，产生较大震害；而平面有较长的外伸时，外伸段容易产生局部振动而引发凹角处破坏（见图 2-1），L、l 等值宜满足表 2-3 的要求；同时，角部重叠和细腰形平面图形，在中央部位形成狭窄部分，在地震中容易产生震害，尤其在凹角部位，因为应力集中容易使楼板开裂、破坏，破坏装配整体式结构的稳定性，不宜采用，如采用则须采取相应的加强措施。

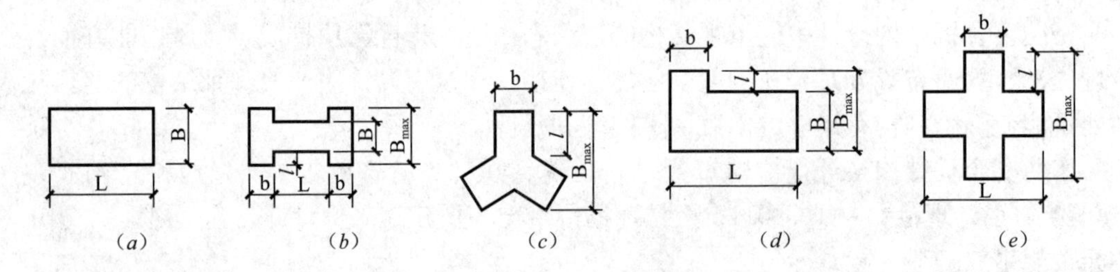

图 2-1　建筑平面

***L*、*l* 的限值**　　**表 2-3**

设防烈度	L/B	l/B_{max}	l/b
6、7 度	≤6.0	≤0.35	≤2.0
8 度	≤5.0	≤0.30	≤1.5

国内外的历次震害表明，平面不规则、刚度中心与质量中心相差太大和抗扭刚度太弱的结构在强烈地震时都将受到严重破坏。振动台模型试验研究表明：当扭转第一自振周期

与平动第一自振周期接近时，由于振动耦连的影响，结构的扭转效应明显增大；若前者小于后者的1/2，即使结构的刚度偏心很大，其相对扭转变形 qr/u（q 为结构层扭转角，r 为结构平面回转半径，u 为质心位移）亦很小；当两个周期的比值大于0.85后，相对扭转变形急剧增加。因而，应充分考虑结构扭转对抗扭刚度过小建筑的不利影响。

由于密肋复合板结构采用装配现浇式，墙体承担和传递平面外作用的能力较现浇结构要弱，因此，结构的平面布置更应减少扭转的影响。考虑到对其适用总高度已做出更严格的规定，而对于平面布置及竖向布置的具体要求可参照《高层建筑混凝土结构技术规程》（JGJ 3）执行。即在考虑偶然偏心影响的地震作用下，楼层竖向构件的最大水平位移和层间位移不宜大于该楼层平均值的1.2倍，不应大于该楼层平均值的1.5倍。结构扭转为主的第一自振周期 T_t 与平动为主的第一自振周期 T_1 之比，不应大于0.9。

对于楼板开大洞或平面布置外伸长度较大的建筑，楼板在水平力作用下产生显著的平面内变形，不能有效传递水平作用。由于目前工程设计应用中的多数软件均考虑楼板平面内刚度无限大，同时为加强楼板边缘处的面内强度，需对楼板削弱部分的边缘进行加强，做法可参照《高层建筑混凝土结构技术规程》JGJ 3中的相应规定进行要求。

《建筑抗震设计规范》GB 50011规定剪力墙结构的防震缝宽度按框架结构的50%取值，框架-剪力墙结构的防震缝宽度按框架结构的70%取值。由于该结构在大震作用下的变形界于框架结构与抗震墙之间，因此，建议密肋复合板结构房屋的防震缝宽度可按框架结构规定数值的70%取值，同时不小于100mm。根据本体系装配现浇式的特点，因现浇产生的温度应力和受外界气候的影响不会大于框架结构，因此，伸缩缝的最大间距可同《高层建筑混凝土结构技术规程》JGJ 3中对框架结构的规定，暂取为55m。

在抗震设计中，房屋的高宽比规定对建筑物的整体稳定、承载能力和经济合理性等方面的均能予以很好的控制，密肋复合板结构的高宽比也应满足相应的要求。

（1）多层密肋复合板结构房屋的适用层高、总高度与总宽度的比值，宜符合表2-4的要求。

房屋层高与高宽比限值 **表2-4**

类别		非抗震设计	抗震设防烈度		
			6度	7度	8度
层高（m）	<7层	4.2	4.2	3.9	3.6
	≥7层	3.9	3.9	3.6	—
高宽比	<7层	2.5	2.5	2.5	2.0
	≥7层	2.5	2.5	2.5	—

注：① 要求单面走廊房屋的总宽度不包括走廊宽度；
② 若当主体结构下部有大底盘时，高宽比自大底盘以上起算。

（2）高层密肋复合板结构房屋总高度与总宽度的比值，宜符合表2-5的要求。

高层密肋复合板结构房屋适用的最大高宽比 **表2-5**

烈度	非抗震设计	6度	7度	8度
高宽比	6	5	5	4

2.1.3 结构竖向布置

地震震害表明：当结构设计因建筑的特殊需求产生外形外挑或内收，或因设计不当（如竖向杆件截面突然变小甚至中断产生上下不连续）而使结构刚度沿竖向突变，都会产生某些楼层的变形过于集中，出现严重震害甚至倒塌，所以，若建筑功能上无特殊要求，应力求使竖向体型规则、均匀，避免有过大的外挑和内收。结构的侧向刚度宜下大上小，逐渐均匀变化，不应采用竖向布置严重不规则的结构。

抗震设计的密肋复合板结构，其楼层侧向刚度不宜小于相邻上部楼层侧向刚度的70%或其上相邻三层侧向刚度平均值的80%。楼层层间抗侧力结构的受剪承载力不宜小于其上一层受剪承载力的80%，不应小于其上一层受剪承载力的65%。结构竖向抗侧力构件宜上下连续贯通。当条件允许时，楼层侧向刚度的计算应考虑扣除或部分扣除整体弯曲产生的层间位移。

对于抗震设计结构的竖向收进和外挑尺寸的要求，可参照《高层建筑混凝土结构技术规程》(JGJ 3) 进行，且外挑部分不宜采用密肋复合墙体作为竖向承力构件。

对于局部突出的屋顶间，当必须设置时，必须采用上下水平连接带局部加强，同时竖向现浇构件要一通到顶并局部增设加强的竖向连接等措施。

2.1.4 楼盖结构

鉴于密肋复合板结构计算时楼板平面内刚度无限大的假定，同时为保证建筑物的空间整体性能和水平力的有效传递。多层密肋复合板结构在抗震设防烈度为8度时，应采用现浇钢筋混凝土楼、屋盖结构；抗震设防烈度为7度时，宜采用现浇钢筋混凝土楼、屋盖结构；抗震设防烈度为6度区及非抗震设计可采用装配式钢筋混凝土楼、屋盖结构。高层密肋复合板结构的房屋，应采用现浇楼盖结构。多层密肋复合板结构采用装配整体式楼盖时，应符合以下的要求：

(1) 楼盖宜设置钢筋混凝土现浇层。现浇层厚度不应小于50mm，混凝土强度等级不应低于C20，不宜高于C40，并应双向配置直径6～8mm、间距150～200mm的钢筋网，钢筋与墙体顶部现浇梁或肋柱纵筋可靠连接或锚入现浇的竖向构件内；

(2) 楼盖的预制板板缝宽度不宜大于40mm，板缝大于40mm时应在板缝内配置钢筋，并宜贯通整个结构单元且锚入楼层处设置的水平连接梁内。预制板板缝、板缝梁的混凝土强度等级应高于预制板的混凝土强度等级，且不应低于C20。

房屋的顶层、结构转换层、平面复杂或开洞过大的楼层、作为上部结构嵌固部位的地下室楼层应采用现浇楼盖结构。一般楼层现浇板厚度不应小于80mm，当板内预埋暗管时不宜小于100mm；顶层楼板厚度不宜小于120mm，宜双层双向配筋；普通地下室顶板厚度不宜小于160mm；作为上部结构嵌固部位的地下室楼层的顶楼盖应采用梁板结构，楼板厚度或折算厚度不宜小于180mm，应采用双层双向配筋，且每层每个方向的配筋率不宜小于0.25%。

在正常使用条件下，为避免房屋产生过大的位移而影响结构的承载力、稳定性和使用要求，高层结构应具有足够的刚度。高层密肋复合板结构房屋在风荷载、地震作用下按弹性方法计算的楼层层间最大位移与层高之比 $\Delta u/h$ 不宜大于1/800。

在罕遇地震作用下，密肋复合板结构房屋宜进行弹塑性变形验算，结构薄弱层（部位）层间弹塑性位移角应不大于1/100。

2.1.5 抗震等级

钢筋混凝土结构的抗震等级是确定抗震分析和抗震措施的标准，可按照地震烈度、场地类别、建筑重要性类别、结构体系和建筑高度确定。抗震等级的划分，除了技术要求的因素外，还有经济因素的考虑。随着设计方法的改进和经济水平的提高，抗震等级也将做相应的调整，现行抗震规范共分为四个抗震等级。在相同的抗震设防烈度下，对于不同结构体系、不同高度有不同的抗震要求；同一结构体系中，不同部位根据保证结构地震安全性所起的作用可规定相应的抗震等级。剪力墙抗震等级高于框架，而框支剪力墙结构中的框架柱抗震等级则高于上部的剪力墙，次要抗侧力构件的抗震要求可低于主要抗侧力构件等。

密肋复合板结构中的主要抗侧力构件—带边缘约束构件的密肋复合墙体，通过密肋复合墙体抵抗水平剪力，由边缘构件抵抗水平荷载形成的弯矩，受力形态与带暗柱的剪力墙构件类似。由于密肋复合墙体的承载能力小于钢筋混凝土剪力墙，同时，节点的设计构造和施工连接与现浇结构有很大差异，造成复合墙体的两端约束构件和中间连接柱集中承受弯矩形成的轴向拉压力，同时嵌于现浇框架柱中密肋复合墙体产生的局部变形对边框亦产生不利的影响。边缘约束构件、连接柱受拉压、剪切、局部弯矩作用，破坏形态以混凝土的粘结破坏、压碎剥落，纵筋拉屈、压曲失稳，箍筋弯钩拉直脱开为主。

与多层的密肋复合板结构房屋相比，中高层房屋密肋复合墙体的轴压比及剪力较大，当有必要对墙体内肋梁肋柱的最小尺寸、配筋等做出规定。

对于边框柱、中间连接柱而言，其尺寸的确定及配筋的控制宜参考剪力墙结构中对边缘构件尺寸的规定，同时不应低于相关规范对相等抗震等级框架柱的要求。

参照框架-剪力墙及剪力墙结构，对密肋复合板结构中丙级建筑的抗震等级暂做如表2-6规定：

高层密肋复合板结构的抗震等级 **表 2-6**

密肋复合板结构	烈度					
	6度		7度		8度	
房屋高度（m）	≤45	>45	≤45	>45	≤45	>45
抗震等级	四	三	三	二	二	一

建筑场地为Ⅰ类时，除6度外可按表内降低一度所对应的抗震等级采取抗震构造措施，但相应的计算要求不应降低；接近或等于高度分界时，应允许结合房屋不规则程度及场地、地基条件确定抗震等级；裙房与主楼相连，除应按裙房本身确定外，不应低于主楼的抗震等级；主楼结构在裙房顶层及相邻上下各一层应适当加强抗震构造措施。裙房与主楼分离时，应按裙房本身确定抗震等级；当地下室顶板作为上部结构的嵌固部位时，地下一层的抗震等级应与上部结构相同，地下一层以下的抗震等级可根据具体情况采用三级或更低等级，地下室中无上部结构的部分，可根据具体情况采用三级或更低等级。

2.2 密肋复合板结构计算分析

高层密肋复合板结构的荷载和地震作用应按《高层建筑混凝土结构技术规程》(JGJ 3)中有关规定进行计算，当考虑非承重墙对结构自振周期的影响时，周期折减系数可取0.8~0.9。目前国内规范体系是采用弹性方法计算内力，在截面设计时考虑材料的弹塑性性质。因此结构的内力与位移可按弹性方法计算，连梁等水平受弯构件考虑局部塑性变形引起的内力重分布，密肋复合墙体的受剪承载能力考虑其进入塑性后的受剪状态，抗震设计时，连梁刚度可予以折减，折减系数不宜小于0.5。

密肋复合板结构是复杂的三维空间受力体系，为能较准确地反映结构各构件中的实际受力状况，应根据结构特点选取合适的力学模型。目前国内商品化的结构分析软件所采用的力学模型主要有：空间杆系模型、空间杆-薄壁杆系模型、空间杆-墙体元模型及其他组合有限元模型。根据前期的研究，结合结构特点，将密肋复合墙体按抗弯刚度相等的原则等效为单一材料的混凝土墙，利用空间杆-墙体元模型进行弹性阶段的内力计算，可以满足工程精度要求。

结构采用钢筋混凝土楼板进行高层建筑的内力与位移计算时，可视其为水平放置的深梁，具有很大的面内刚度，可近似认为楼盖在其自身平面内无限刚性。大大减少结构分析的自由度数目，使计算过程和计算结果的分析大为简化。

对于装配现浇式体系，竖向承力构件在平面外的整体及稳定性因层间变形（剪切）而受到影响；同时，结构的P-Δ效应亦对整体房屋的装配现浇节点提出考验，按规定的房屋高宽比限值则可基本忽略重力二阶效应对整体结构的影响。当有结构布置较为特殊或有设计要求时，密肋复合墙体等效为混凝土墙后，结构可根据《高层建筑混凝土结构技术规程》中对剪力墙结构的规定进行重力及结构稳定的验算。荷载效应组合应根据有地震作用、无地震作用分别予以考虑，具体做法应参照《高层建筑混凝土结构技术规程》JGJ 3中的相应规定。

结构在罕遇地震作用下薄弱层（部位）弹塑性变形计算可采用弹塑性分析方法。

2.2.1 密肋复合墙体截面设计及构造

在密肋复合板结构体系中，密肋复合墙体宜沿主轴方向或其他方向双向布置；抗震设计时，应避免仅单向有墙的结构布置形式，不宜使用一字形布置的密肋复合墙体，不允许仅由密肋复合墙体通过下部与楼板焊接连接形成独立的墙段，必须有现浇的边缘构件或中间连接柱共同组成；当处于8度以上高烈度地区时，宜布置筒体（或剪力墙），形成密肋复合墙体与筒体（或剪力墙）共同抵抗水平力的组合受力体系，此时房屋的最大适用高度可适当增加。

抗震设计时，密肋复合墙体的边缘构件和中间连接柱的极限破坏应以构件弯曲时主筋受拉屈服破坏为主，应避免变形性能较差的混凝土首先压溃或剪切破坏，以及钢筋锚固失效和粘结破坏。轴压比是控制边缘构件偏心受拉一侧钢筋先达到抗拉强度、还是受压区混凝土边缘先达到其极限压应变的主要指标。试验研究表明，柱的变形能力随轴压比增大而急剧降低，尤其在高轴压比下，增加箍筋对改善柱变形能力的作用并不十分明显。所以，应限制边缘构件、连接柱的轴压比，尤其是边缘构件，使之最后呈延性破坏。在重力荷载代表值作用下产生的轴力设计值的轴压比，抗震等级为一、二、三级时分别不宜大于0.5、0.6和0.6；对于矩形的密肋复合墙体，与其他I形、T形墙体截面有相同轴压比且受水平力作用时，有较高的受压区高度，因而其轴压比限值相应降低0.1；边缘构件及中间连接柱纵向钢筋的配筋率，底部加强部位一级抗震等级时不宜小于1.2%，二级抗震等级时不宜小于1.0%。密肋复合墙体的厚度，一、二级抗震等级时，底部加强部位不应小于200mm；三、四级抗震等级时，底部加强部位不应小于160mm；当密肋复合墙体与其平面外方向的楼面梁连接时，应控制密肋复合墙体平面外的弯矩，避免与平面外相交的楼面梁采用刚接，并应采取措施减小梁端部弯矩对墙的不利影响。

边缘构件及中间连接柱等竖向现浇构件宜自下到上连续布置形成明确的传力体系，对于存在底部加强部位的密肋复合墙体，底部加强部位层的密肋复合墙体肋柱纵筋上部可靠锚入楼层的现浇暗梁内，墙体下部通过钢预埋件与下部楼板的预埋件可靠焊接，形成整体，增强复合墙体平面外的稳定性。较长的墙体宜开设洞口，将其分成长度较为均匀的若干墙段，墙段之间宜采用弱连梁连接。对于剪力墙结构，墙肢高宽比大于2.0的高抗震墙为弯曲破坏，小于2.0的低矮墙为剪切脆性破坏，由于密肋复合板结构的剪切破坏亦能体现出一定的延性，同时对于高层结构墙体，其高宽比一般均大于2.0，所以密肋复合墙体每个独立墙段的总高度与其截面高度之比不再做要求，仅对墙肢截面高度做出规定，不宜大于8m，以避免个别墙体过长、刚度过大，吸收过多的地震力而造成设计困难。

设计时应控制墙体平面外的弯矩，当与其平面外方向的楼面梁连接时，应采取可靠措施减小梁端部弯矩对墙体的不利影响。抗震设计时，为保证密肋复合墙体出现塑性铰后有足够的延性使弯曲耗能得以实现，并使内部墙体的剪切耗能的充分体现，高层密肋复合板结构底部几层应当加强构造措施。由于底部塑性铰出现有一定范围，对于剪力墙结构，一般单个塑性铰的发展高度为墙底截面以上墙肢截面高度 h_w 的范围，而密肋复合板结构的拟动力试验也表明其高度未超过一层层高，为安全起见，密肋复合板结构底部加强部位的高度可取墙肢总高度的1/8和底部两层二者的较大值。

密肋复合墙体应进行平面内正截面偏心受压或偏心受拉、斜截面受剪、平面外正截面轴心受压承载力计算。在集中荷载作用下，荷载作用位置处无连接柱时还应进行局部受压承载力计算。

多层密肋复合板结构的复合墙体，当满足考虑弯矩作用的构造要求时，可不进行偏心受压、偏心受拉承载力验算。

矩形、T形、I形偏心受压密肋复合墙体的正截面受压承载力应按照密肋复合墙体压弯承载力的有关规定计算。其中复合墙体受压区截面高度应只计受压区混凝土部分的高度；受拉区钢筋一般仅考虑边缘构件内的上下贯通纵筋，当墙体内肋柱纵筋上下可靠连接贯通传力时可以考虑其对截面抗弯的作用。

当结构进入塑性状态、需要充分利用结构的延性设计时，密肋复合板结构中复合墙体的曲率延性需通过限制墙体截面的受压区高度来得以保证。对于给定的曲率延性要求，当计算的中性轴深度（假定截面变形呈平截面）大于临界受压区高度时，必须对密肋复合墙体截面的部分受压混凝土进行有效约束，避免因弯矩引起的高轴压过多地影响受压区混凝土的变形能力，并通过规定被约束混凝土的面积和所采箍筋的用量来达到这一要求。当密肋复合墙体在重力作用下的轴压比设计成与普通剪力墙结构相当时，在水平地震作用下，由于密肋复合墙体的中性轴靠近受压边框柱内侧，受压区高度不大，使得边缘构件外侧的极限压应变小于剪力墙结构。综合考虑墙体对边缘构件造成的局部弯矩影响，密肋复合墙体进行约束边缘构件和构造边缘构件的设置与普通剪力墙结构的设置要求有所区别。

2.2.2 密肋复合楼盖设计理念

密肋复合楼盖的整体布置应能合理传递荷载，设计时应有明确的计算简图，计算分析模型以及能反映结构的实际受力状态；柱支承楼板结构可根据建筑设计和结构计算的要求设置柱帽或托板。密肋复合楼盖结构在竖向荷载和水平荷载作用下的内力及位移计算，宜采用空间模型有限元方法或等代框架杆系结构有限元方法进行计算；结构分析宜采用弹性分析方法，在有可靠依据时可考虑内力重分布，当按内力重分布时应考虑正常使用要求；密肋复合楼盖在荷载作用下各区格板的梁挠度和裂缝宽度的计算及相关设计要求应执行现行国家标准《混凝土结构设计规范》GB 50010 中的相关规定。

1. 密肋复合楼盖的承载力计算

若为柱支承楼盖时，密肋复合楼盖的外周边宜布置框架梁，且框架梁高度应大于密肋复合楼盖厚度。边梁的截面抗弯刚度可按⊏形或Γ形截面计算，边梁宽度不宜超过柱截面高度。抗震设计时宜沿柱轴线设置主肋梁或框架梁。

楼盖与框架柱连接的节点及周围相关区域，应根据刚度和承载力要求选择合适的方案。在楼盖与框架柱相交的节点区域及周围内力较大处，宜采用现浇实心楼盖及托板式柱帽。楼盖节点受冲切承载力计算及受冲切截面的控制条件应符合现行国家标准《混凝土结构设计规范》GB 50010 的相关规定，其构造要求应满足该规范的规定。

当节点附近设置托板式柱帽时，应进行楼盖厚度变化处的受冲切承载力验算，选择最不利冲切破坏截面进行受冲切承载力验算。节点核心区受剪承载力的计算及相关设计要求应执行现行国家标准《建筑抗震设计规范》GB 50011 中的相关规定。

2. 密肋复合楼盖构造要求

（1）密肋复合楼盖的跨高比要求：

① 边支承楼盖的跨高比：对于单向楼盖不宜大于 25，对双向楼盖按短边不宜大于 35。

② 柱支承楼盖的跨高比：跨度按长边计，有柱帽或托板时不宜大于 35，无柱帽时不宜大于 30。

（2）楼板周边可伸出边柱外侧，伸出长度（从楼板边缘至边柱中心）不宜超过内跨的 0.4 倍。

（3）肋梁的宽度不应小于 60mm，肋梁截面高度与宽度之比不宜大于 5，肋梁的截面高度不应低于 150mm。

（4）密肋复合楼盖中填充块体上下均有现浇叠合层形成“工”字型肋梁受力截面时，上部叠合层的最小厚度应为 50mm，下部叠合层的最小厚度应为 40mm，其钢筋间距不宜大于 200mm，不应大于 250mm。

密肋复合楼盖中填充块体仅上部有现浇叠合层形成“T”字型肋梁受力截面时，上部叠合层的最小厚度应为 50mm，其钢筋间距不应大于 250mm；填充块体当为空心体时，空心体底部与楼盖模板间应配置抗裂钢丝网片，钢丝网片应锚入两侧现浇肋梁内。

密肋复合楼盖中填充块体为空心腔体且上下均无现浇叠合层时，空心腔体的上面板设计应满足区格的传力要求，下面板设计应满足抗裂及局部吊重要求。

（5）密肋复合楼盖中，区格板钢筋的混凝土保护层厚度应按照现行国家标准《混凝土结构设计规范》GB 50010 的对于板构件的规定取值，肋梁按梁的规定取值。

3. 模型试验

模型板原型为一假定结构，柱网为 8000mm×8000mm，设计主要根据“现浇预应力复合楼板体系”的常用跨度和结构设计中常用荷载。根据试验室的工作空间及加载条件，模型板的尺寸为 8000mm×8000mm 的四边简支的正方形双向板，板厚为 160mm。为了便于安装试验仪器和设备，并且有利于观察试验时模型板的裂缝开展和破坏形态，设置底座高为 1600mm，并在一侧开一个 1600mm×1000mm 的孔。为了增加底座的稳定性，在开孔两侧都砌筑一边柱（见图 2-2）。

图 2-2　试验板的平面图

技术参数包括：材料性能参数、试验板制作及试验仪器安装：进行混凝土应变测量、普通钢筋应变测量、挠度测量、预应力筋的应力测量和裂缝观测等。

结果表明：

（1）现浇预应力复合楼板在模拟的使用荷载作用下，强度、抗裂、变形均满足设计要求。

（2）综合各项测试结果可知：试验模型的破坏形式是塑性破坏。

（3）预应力作用下试验模型的反拱值与自重作用下的挠度基本相抵消，与计算值吻合。加载过程中，模拟荷载作用下的试验板的各项指标，基本与计算结果相一致。说明试验板的模型假定与实际结构是吻合的，模型假定是合理的。

（4）板内无粘结预应力在板破坏时应力明显增加，后期应力增长在 90～120MPa 之间。

（5）普通钢筋在板开裂后的裂缝处应变增长较快，在板破坏时发生屈服，使板具有较好的延性。

（6）现浇生态节能预应力混凝土复合楼板具有很好的整体性，板内小肋在结构破坏时仍保持完整，板截面可以按平面假定进行设计。密肋复合板结构体系的设计、计算与应用，应根据场地条件、工程特点、施工安全、环境因素等以及规范规程等综合考虑，做到安全、经济、合理。

第3章　密肋复合板结构节能建筑施工技术

密肋复合板结构节能建筑先后在陕西、河北、宁夏等省市推广应用，已建成住宅、办公、公寓等多栋建筑，取得了显著的经济、社会及环境效益。本章结合工程实例对密肋复合板的生产工艺、快速建造方法与节能保温一体化及其施工技术与产业化成果等，进行阐述。

3.1　密肋复合墙体生产工艺

3.1.1　现场预制

密肋复合墙体的制作是以填充块作为钢筋混凝土骨架的内模，用木模或钢模为侧模。其操作方法是先将填充块按板件格子的设计尺寸平铺在蒸养池底的底模上，然后将制作好的钢筋骨架放入摆放填充块时预留空格内后再支外模，外模的固定方法采用钢管和管扣活接组成的模板固定架，以保证板件的几何尺寸。

该道工序完成后复查校正一遍板件的尺寸、预埋件的位置是否正确，确认无误后方可浇灌混凝土。因填充块多采用吸水率较高的轻质块体，因此在浇灌混凝土前需用水将填充块浸湿，然后浇捣混凝土。

一层墙体生产完成后紧接着生产第二层，用木板或钢板制作成宽出框格骨架尺寸4～5cm的隔离板，将隔离板铺设在框格骨架的位置上，再接上述程序操作，利用宽出骨架两侧的填充块承受上部荷载，这样就可连续重叠生产。隔离板如用木板，木板的厚度1.5cm为宜；如采用钢板，厚度应在3～4mm。为了保证板件的平整度，重叠制作时应在生产下一层之前，利用隔离板，调整第一层的平整度，以防止扭曲变形，并应在混凝土灌筑完成后在板件上标注编号。利用普通水泥制作的板件蒸养前在常温下静停1～2h，蒸养恒温宜控制在50～80℃之间，升温速度在25℃/h以内，其最高温度不得大于95℃，并需保持90%～100%的相对湿度，24h后可达到吊装强度，如养护温度未达到上述标准，则养护时间需相对延长。降温速度每小时不得大于10℃，出池后的板件表面与外界温差不得大于20℃。蒸汽养护系统如图3-1所示，墙体蒸养温度控制曲线如图3-2所示。

密肋复合墙体的生产流程如图3-3所示：

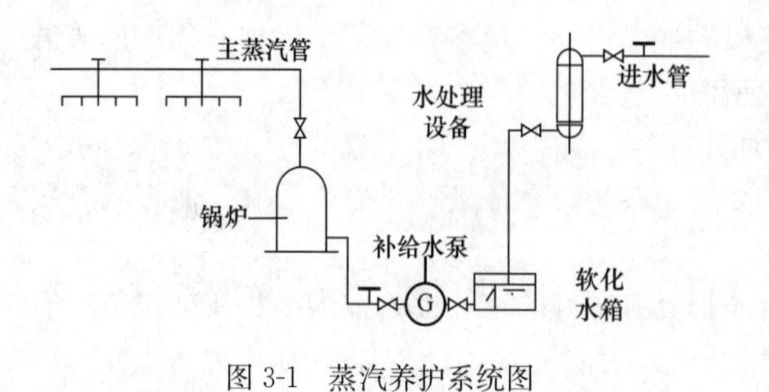

图3-1　蒸汽养护系统图

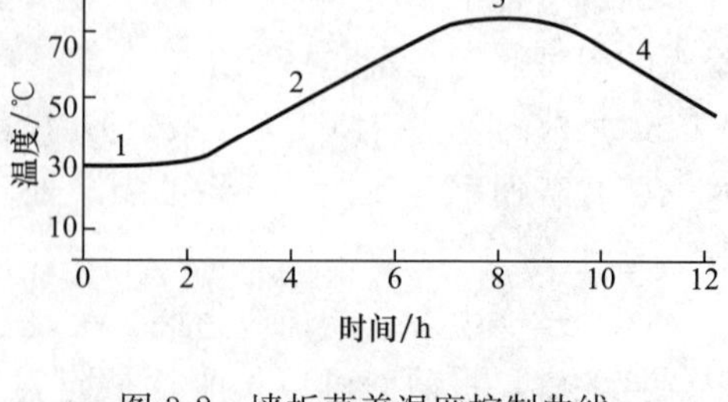

图3-2　墙板蒸养温度控制曲线

1—静停阶段；2—升温阶段；

3—最高温度；4—降温阶段

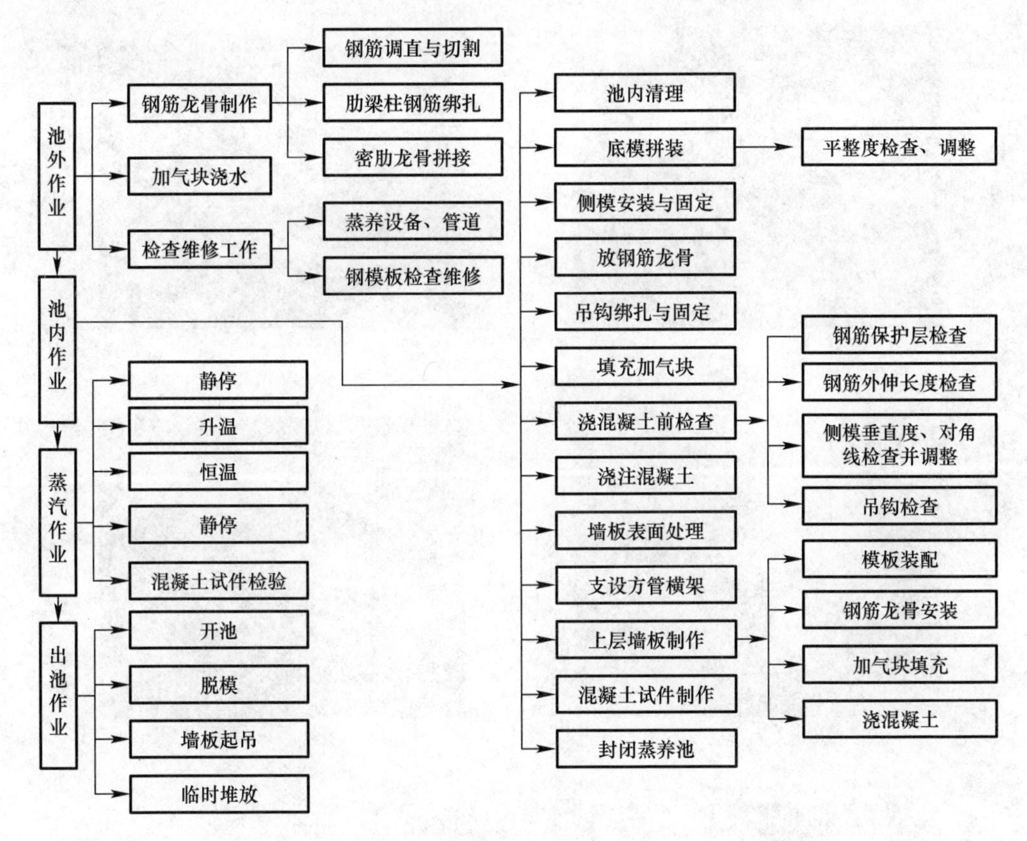

图 3-3　密肋复合墙体生产流程

① 池外作业：包括肋梁、肋柱钢筋龙骨制作、加气填块浸水及模具检查维修；②池内作业：池内清理→底模拼装→侧模安装固定→平整度检查→刷隔离剂→放钢筋龙骨→填充加气块浇混凝土前检查→浇注混凝土→墙体表面处理→支设方管横架→上层墙体制作→混凝土试件制作→封闭蒸养池；③蒸养作业：分为静停、升温、恒温及降温；④出池作业：包括开池、脱模、墙体起吊及临时堆放。

3.1.2　工厂预制

为了提高密肋复合墙体的生产效率及产品质量，采用工厂预制生产工艺方法。根据工程规模及工程进度达到每天每池可生产 80～100 块墙体的要求，研发了折叠组装式钢模及移动式生产工艺；同时编制了墙体生产工法、墙体生产企业标准、墙体设计及质量验收标准等。

折叠组装式钢模及移动式生产工艺进行工序：将板状构件制作大模板置于构件制作专用场地后，将下部焊接有槽钢的钢板底模置于大模板上，加设槽钢边模后在其中制作构件，制作完成后将大模板和未养护的构件运送至养护室中的混凝土承台上，使多块待蒸养构件叠层放置，放置结束后关闭养护室门，开启蒸汽锅炉，通过蒸汽管道对养护室内构件提供热量进行叠层蒸汽养护，养护温度控制在 60～80℃，整个养护时间约为 6～8 小时，期间根据室内湿度情况通过淋水喷头进行湿度控制，使其保持在 90%以上。之后再将大模板和构件一起由养护室运出，脱去模板后形成制作完成的构件。墙体生产工艺见图 3-4。

(*a*) (*b*) (*c*) (*d*) (*e*) (*f*)

图 3-4 墙体生产工艺

(*a*) 钢筋绑扎；(*b*) 支模；(*c*) 墙体入池蒸养；(*d*) 墙体出池脱模；(*e*) 吊装；(*f*) 堆放

3.1.3 墙体生产质量控制

1. 技术要求

(1) 原、辅材料包括：

① 水泥应符合《硅酸盐水泥、普通硅酸盐水泥》GB 175、《快硬硫铝酸盐水泥》JC 714 的规定。

② 钢筋应符合《低碳钢热轧圆盘条》GB/T 701、《钢筋混凝土用钢》GB 1499.2 的规定。

③ 砂、石子应符合《建设用碎石、卵石》GB/T 14685 和《建筑用砂》GB/T 14684—2011 的规定。

④ 蒸压加气混凝土砌块应符合《蒸压加气混凝土砌块》GB/T 11968 的规定。

⑤ 混凝土外加剂应符合《混凝土外加剂应用技术规范》GB 50119 的规定。

（2）对预制构件的模板、钢筋、混凝土分项工程的施工应符合《混凝土结构工程质量验收规范》GB 50204 的规定。

（3）混凝土立方抗压强度应符合《普通混凝土力学性能试验标准》GB/T 50081 的规定。

（4）隔音等级、耐火等级、耐地震烈度等级、耐用性要求应符合《住宅混凝土内墙体与隔墙体》GB/T 14908 的规定。

2. 试验内容

（1）尺寸偏差检查：钢尺尺量检查、拉线及钢尺尺量检查，保护层厚度测定仪，2m 靠尺及塞尺检查。

（2）外观要求检查：观察，检查技术处理方案。

（3）混凝土立方抗压强度的检验方法按《普通混凝土力学性能试验标准》GB/T 50081 的规定执行。

（4）检验规则

产品须经构件厂质检部门检验，并签发合格证后方可出厂。

出厂检验项目：尺寸偏差、外观要求、混凝土立方抗压强度。

尺寸偏差检查数量：同一工作班生产的同类型构件，抽查 5%且不少于 3 件，其中高度、宽度、厚度、肋梁和肋柱截面宽度、封闭环外露长度分别各量两个尺寸；

外观要求全数检查；

混凝土立方抗压强度按《普通混凝土力学性能试验标准》GB/T 50081 规定的组批抽样判定规则进行检查。

（5）判定规则：

构件的尺寸允许偏差项目 90%以上应在规定范围内，10%以上的不应超过允许偏差的 1.5 倍。满足要求为合格，否则为不合格。

构件不应有影响结构性能和安全、使用功能的尺寸偏差。对超过允许偏差且影响结构性能和安装、使用功能的部位，应按技术处理方案进行处理，并重新检查验收。

构件的外观质量不应有严重缺陷。对已经出现的严重缺陷，应按要求处理重作，并进行条件的检查与验收；对于构件的外观质量若出现的一般缺陷的，应按技术处理方案进行处理，并重新检查验收，合格后方可使用。

密肋复合墙体的规格尺寸见表 3-1，尺寸允许偏差见表 3-2，外观质量缺陷见表 3-3。

规格尺寸（mm） **表 3-1**

公称尺寸			制作尺寸		
高度（H）	宽度（B）	厚度（t）	高度（H1）	宽度（B1）	厚度（t1）
2300-4200	600-4200	125-250	H-20	B-50	t

注：1. 其他规格尺寸可根据设计要求具体确定；
2. 带洞口墙体中的洞口尺寸按门窗具体尺寸确定。

尺寸允许偏差（mm） 表 3-2

项目			指标
规格尺寸	墙体外形	高度	±5
		宽度	±5
		厚度	±5
		对角线差	10
	肋梁、肋柱截面	宽度	±4
	门窗洞口	规格尺寸	±5
		洞口位置	10
		洞口垂直度	5
		对角线差	5
外形	侧向弯曲		L/1000
	翘曲		L/1000
	表面平整度		±10
预埋件	中心线位置		10
	与混凝土表面平整		0，−5
吊环	中心线位置		5
	外露长度		0，−10
主筋保护层厚度			±5
封闭环外露长度			±15

外观质量缺陷 表 3-3

	名称	现象	严重缺陷	一般缺陷
混凝土	露筋	构件内钢筋未被混凝土包裹而外露	纵筋受力钢筋有露筋	其他钢筋有少量露筋
	蜂窝	混凝土表面缺少水泥砂浆而形成石子外露	构件主要受力部位有蜂窝	蜂窝其他部位有少量
	孔洞	混凝土中孔穴深度和长度均超过保护层厚度	构件主要受力部位有孔洞	其他部位有少量孔洞
	裂缝	缝隙从混凝土表面延伸至混凝土内部	构件主要受力部位有影响结构使用性能或使用功能的裂缝	其他部位有少量不影响结构使用性能或使用功能的裂缝
	外形缺陷	缺棱掉角	有影响结构使用性能或使用功能的外形缺陷	不影响结构使用性能或使用功能的外形缺陷
砌块	外形缺陷	缺棱掉角	任一砌块缺棱掉角总体积超过砌块标识体积的 1/5 且≥2 块	任一砌块缺棱掉角总体积超过砌块标识体积的 1/5 且≤1 块
		贯穿四个面的裂缝条数	任一砌块≥2 条	任一砌块≤1 条
		贯穿四个面的裂缝	裂缝走向沿水平方向且裂缝砌块数≥2 块	裂缝走向沿水平方向且裂缝砌块数≤1 块

3.2 密肋复合板结构施工工艺

3.2.1 墙体安装

墙体安装在起重机具就位后，由吊前准备、起吊、临时固定、校正及最后固定几部分组成。

1. 吊前准备

（1）墙体检查：墙体单块重量一般在15～32kN之间，吊装前首先核查墙体的生产日期、型号及重量；检查吊钩预留是否正确；混凝土是否达到吊装强度；对较大墙体尚应验算构件在起吊过程中所产生的内力是否符合要求；现场塔吊是否调试到最佳状态。

（2）墙体定位放线：吊装前，应在楼面上墙体对应位置处找平，并预留1～2cm坐浆厚度；找平后，定出控制轴线、墙体边线及隐框柱周边封口线，反复核查无误后方可进行下一道工序。

2. 墙体临时固定

在墙体吊装就位前，在楼面上应坐浆，砂浆应均匀连续铺设，虚铺厚度不小于10mm，砂浆强度等级不低于M7.5，墙体应在砂浆初凝前吊装就位；同时应迅速采用专门卡具、钢丝绳等临时固定，并做水平位置及垂直度校核；墙体的吊装顺序一般从建筑物中部向两边延伸，并且每相邻横向墙体固定后，即进行纵向墙体安装，形成一个封闭房间后再进行下一个房间的墙体安装。

3.2.2　连接构造

墙体临时固定后，墙体两侧甩筋应逐一调直，并在端头做弯勾，与隐型框架柱相连；墙体上下外伸钢筋插入暗梁之中，并与暗梁钢筋绑扎；钢筋检查无误后支模并进行梁、柱、楼板的混凝土浇筑工作。具体连接要求如下：

密肋复合墙板肋梁、肋柱钢筋应根据受力计算确定。墙板肋梁、肋柱中纵筋不宜少于4根，钢筋直径不宜小于6mm；箍筋直径不宜小于4mm，间距不宜大于200mm；墙板纵筋配筋率不应小于0.1%。当密肋复合板之间的水平连接采用现浇连接柱进行连接时，肋梁纵筋应在连接柱内有可靠锚固（见图3-5）。

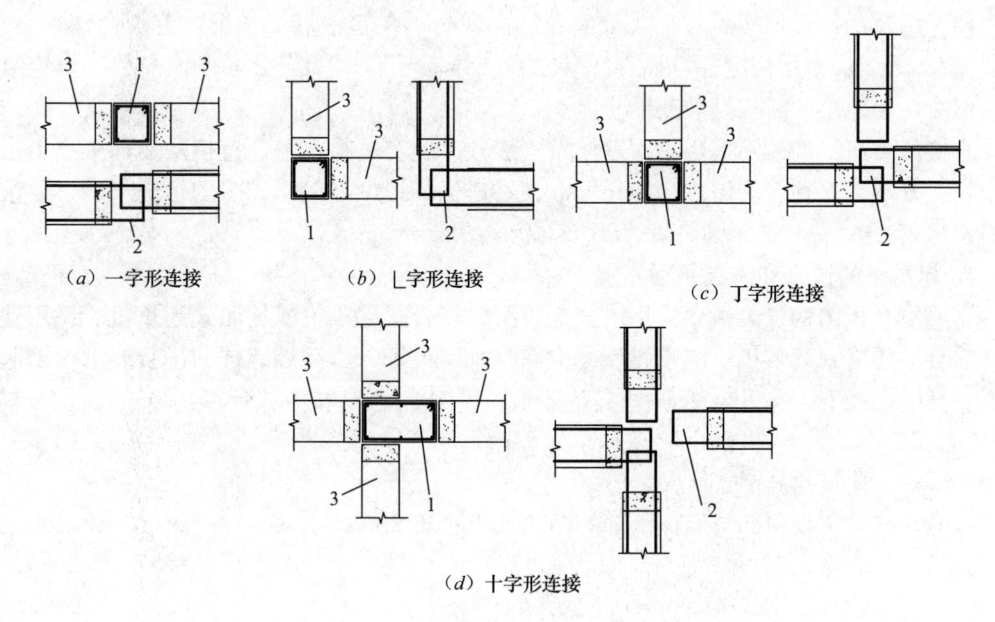

（*a*）一字形连接　（*b*）L字形连接　（*c*）丁字形连接

（*d*）十字形连接

图3-5　墙板间的水平连接

1—墙体连接柱；2—肋梁纵筋封闭环或可靠锚固；3—密肋复合墙板

密肋复合墙体构件接头是为了保证结构的整体性，满足建筑物的强度、刚度要求，墙体和楼板均有预留连接钢筋，两板之间还设有混凝土连接柱（边框柱）和水平连接带（暗梁），接头施工时必须先将两板接头预留钢筋焊接，然后支模现浇混凝土。

多层密肋复合板结构，密肋复合墙板上部应将肋柱纵筋外伸与连接梁或现浇楼板可靠连接（图 3-6）；基础与上部墙板之间应设置基础梁，边缘构件及连接柱的钢筋伸入基础梁（图 3-7），锚固长度应符合国家现行有关标准的规定。

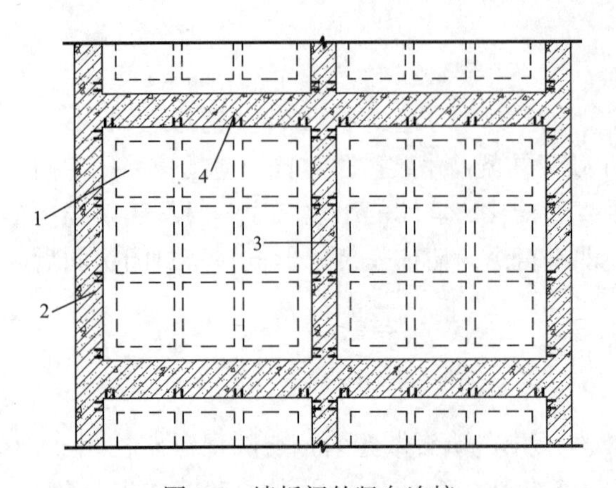

图 3-6 墙板间的竖向连接

1—密肋复合墙板；2—端部连接柱；3—中间连接柱；4—连接梁

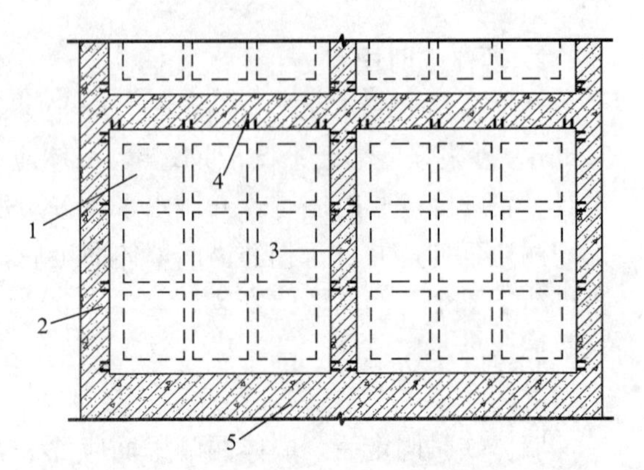

图 3-7 基础与上部墙板之间的连接

1—密肋复合墙板；2—端部连接柱；3—中间连接柱；4—连接梁；5—基础梁

3.2.3 墙体吊装

墙体的吊装分为储存吊装法和直接吊装法两种。

储存吊装法：板件按型号、数量配套运往现场，在起重机工作半径范围内储存堆放，一般储存 1～2 层楼用构配件。储存吊装法施工准备工作时间充分，保证安装工作连续进行，但占用场地多，需要靠放架数量多。

直接吊装法：墙体随运随吊。墙体按安装顺序配套运往现场，直接从运输工具上吊到建筑物上安装。这种方法可减少构件堆放架，占用场地少，但需较多的运输车辆，要求施工组织严密。

1. 起重机的选择和施工平面布置

密肋复合板结构安装主要采用塔式起重机、履带式起重机或轮胎式起重机。民用建筑墙体安装多用塔式起重机。起重机型号应满足吊装最远、最高处墙体的吊装要求，即起重量 Q、其中半径 R、起重高度 H 皆满足要求。其中高度 H 按下式计算：

$$H = h_1 + h_2 + h_3 + h_4 \tag{3-1}$$

式中 h_1——建筑物高度（m）；

h_2——建筑物顶部与墙体下部的距离（不小于 2m）；

h_3——墙体高度（m）；

h_4——索具高度（m）。

施工平面布置包括起重机的布置，墙体及其他构配件的堆放。塔式起重机一般为外单侧布置，墙体及构配件应布置在起重机工作半径范围之内。

2. 墙体吊装顺序

墙体吊装顺序通常采用逐间封闭法。建筑物较长时，一般由中部开始安装以构成中间构架，然后分别向两端吊装；建筑物较短时，可由建筑物一端的第二开间开始吊装。墙体吊装时，先吊装内墙，后吊装外墙，逐间封闭，随即焊接和浇灌混凝土。

3. 墙体吊装工艺

墙体吊装工艺流程见图 3-8。

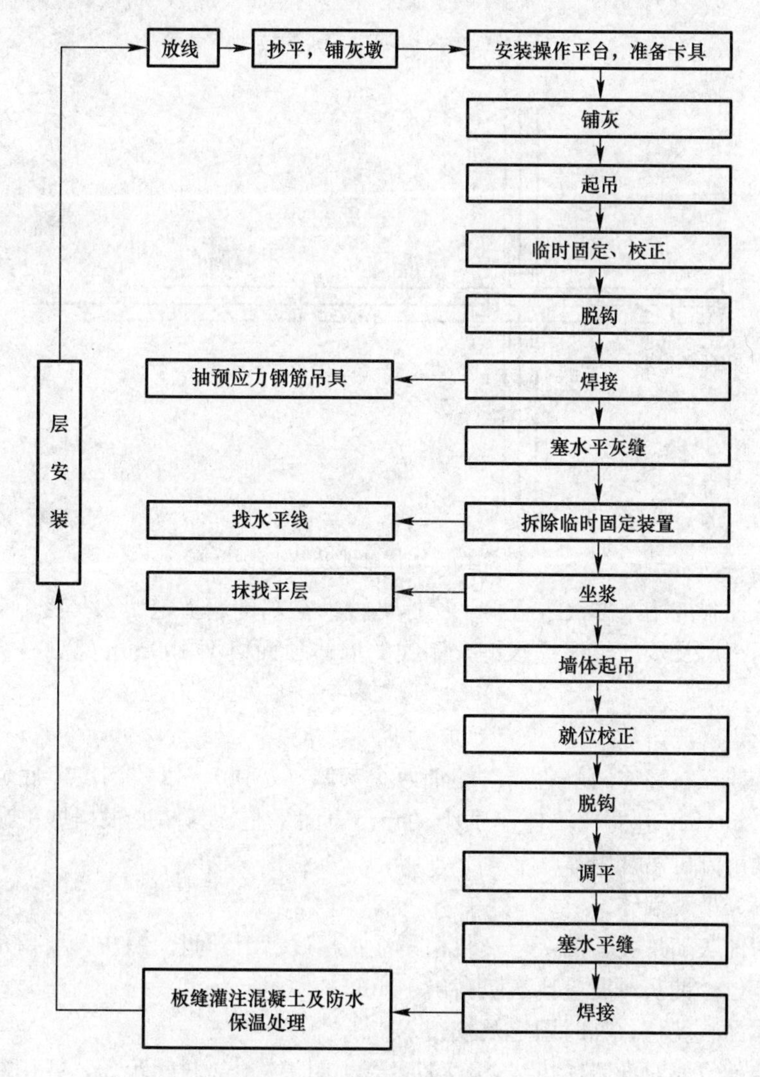

图 3-8　墙体吊装工艺流程图

(1) 抄平放线

先根据标准桩（轴线控制桩）用经纬仪定出房屋的纵横控制轴线（不少于 4 条），然后根据控制轴线定出其他轴线，并在基础墙上标志标准点（图 3-9）。

2 层以上的墙体轴线，用经纬仪由基础墙轴线标志直接往上引。

根据放出的各墙体轴线，放出墙体两侧边线，门窗洞口线、墙体节点线，并标出墙体编号及预埋件位置（图 3-10）。

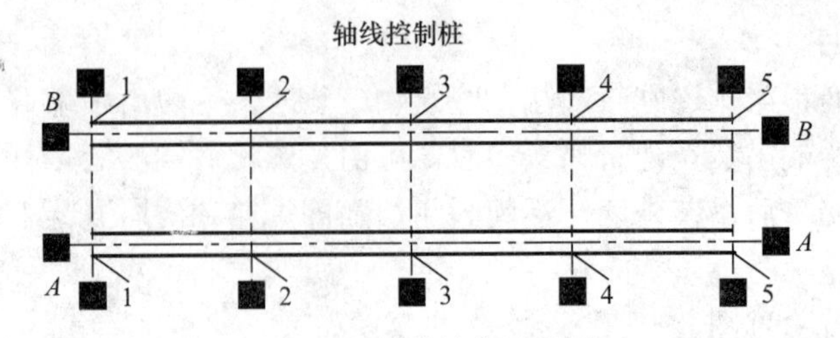

图 3-9　轴线桩位示意图

1～5—基础墙外皮标图准线；A、B—辅助控制线

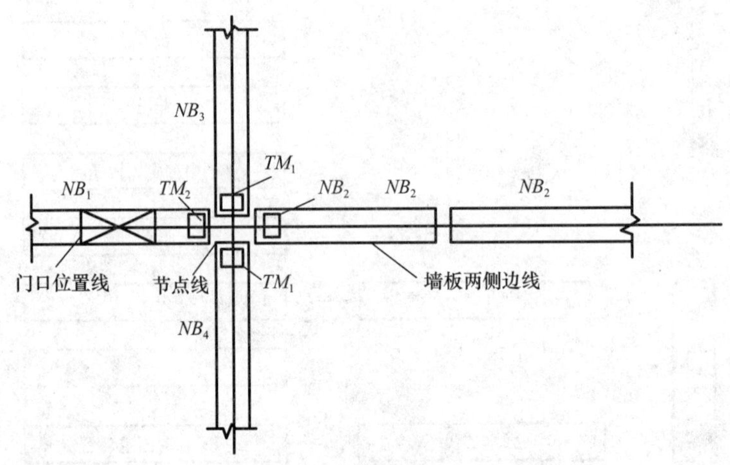

图 3-10　墙体轴线及节点线

根据水平控制桩用水准仪进行第 1 层标高抄平在基础墙上定出水平控制线。2 层以上各层标高，用钢尺及水准仪根据水平控制线的墙体顶面以下 100mm 处测设标高线，以控制楼板标高。

（2）铺灰墩（灰饼）

墙体吊装前，在墙体两侧边线内端铺两个灰墩（灰饼），以控制墙体底面标高。灰墩用水泥砂浆，长 15cm，宽比墙体厚度小 2cm，表面平整，其厚度根据抄平确定。待灰墩具有一定强度后方可吊装墙体。

（3）铺灰、吊装墙体

墙体应随铺灰随吊装、铺灰与安装相隔不宜超过一个开间。铺灰时要留出墙体两侧边线以便墙体就位。铺灰厚度应比灰墩高出 10cm。

（4）墙体吊装就位、临时固定及校正

墙体吊装就位要对准墙体边线，就位后要测量墙体顶部开间距离，并用靠尺测量板面垂直度，如有误差用临时固定器进行校正。墙体临时固定的工具有操作平台、工具式斜撑、水平拉杆、转角固定器等。

操作台的尺寸按房间大小确定，在操作台栏杆扶手上附设墙体固定器，用以临时固定墙体，操作台的墙体固定器固定后，用水平拉杆来临时固定其余开间的横向墙体，转角固定器用于纵横墙的临时固定，与水平拉杆配合使用。

墙体的临时固定一般采用课题组最新研制成功的一种几何尺寸可变的安装定位系统。它不仅可用于标准间，也可适用于一般房间。楼梯间及不宜安装定位系统的房间可用水平拉杆和转交固定器临时固定。

墙体校正焊接固定后，然后拆除临时固定器（安装定位系统），并随即用 1∶1.25 水泥砂浆进行墙体下部等塞隙。砂浆干硬后，退出校正用的铁板（或铁楔）。密肋结构装配整体式现场施工如图 3-11 所示。

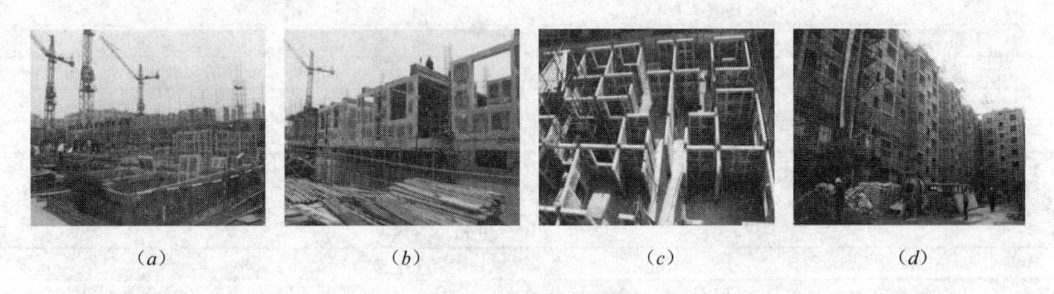

(*a*)　　(*b*)　　(*c*)　　(*d*)

图 3-11　整体装配图

(*a*) 墙体现场堆放；(*b*) 安放就位；(*c*) 墙体临时固定；(*d*) 安装完成

3.2.4　复合墙体现浇现砌施工

密肋复合墙体多为预制构件，但在一些特殊条件下亦可采用现浇现砌的施工方法。例如对已建多层房屋加层，或因施工场地的原因不能设置大型吊装设备以及较大门洞和一些工程量较小部位等，可采用现浇现砌的施工方法。其工艺特点与墙体预制生产差异较大。现浇现砌的施工工艺方法简述如下。

1. 复合墙体填充块材要求

复合墙体肋梁肋柱间的填充材料一般采用加气混凝土砌块或具有一定强度的轻质高性能混凝土砌块，以及加筋后的改性材料砌块。填块其外观尺寸偏差应符合表 3-4 的规定。

(1) 砌块的性能包括：力学性能见表、热工性能见表、声学性能见表。

砌块外观和尺寸偏差　　表 3-4

项　目		指　标	
		一等品	二等品
尺寸允许偏差（mm）	长度	±5	±6
	高度	±3	±4
	厚度	±3	±4
缺棱的最大、最小尺寸不得同时大于（mm）		100、20	
掉角的最大、最小尺寸不得同时大于（mm）		70、30	
完整面（在砌块表面没有裂缝、爆裂和长高厚三个方向均大于 20mm 的缺棱掉角者）不少于		一个大面	
裂缝	1. 贯穿一面二棱超过缺棱掉角规定的裂缝或断裂	不允许	
	2. 任一面上的裂缝长度不得大于裂缝方向长度的	1/2	
	3. 贯穿一棱二面的裂缝长度不大于裂缝所在面的裂缝方向总长度的	1/3	
爆裂、粘膜和损坏深度不大于（mm）		30	
表面疏松、分层		不允许	
混等率不大于（%）（指本等级中混入该等以下产品的分数）		8	10

砌块力学性能　　表 3-5

项　目		指　标			
		500 级		700 级	
		一等品	二等品	一等品	二等品
干表观密度（g/cm³）		5±0.5		7±0.5	
立方体抗压强度（MPa）		≥2.7	≥2.2	≥4.7	≥4、2
干燥缩值温度 20+10C 相对湿度 41%～45%条件下测定		≤0.5	—	0.5	—
温度 50+1℃相对湿度 28%～32%条件下测定（快速法）		≤0.8	≤0.9	≤0.8	≤0.9
抗冻性	重量损失	≤5			
（冻融 15 次后）	强度损失（%）	≤20			

注：立方体抗压强度在含水率 25%～45%条件下测定。

砌块热工性能　　表 3-6

项　目	单　位	指　标	备　注
导热系数	Kcal/m·h·℃	0. 建筑	含水量=0%
比热	Kcal/kg·℃	0.22～0.23	含水量=0%
导湿系数	m^2/h	7.5×10^{-4}	计算值 $9\sim15\times10^{-4}$
蓄热系数	$Kcal/m^2\cdot h\cdot ℃$	2.0～2.2	含水量=0～5%

砌块声学性能　　表 3-7

频　率	125	250	500	1000	2000	4000	平均
吸声平面（未处理）	0.06	0.11	0.18	0.21	0.29	0.27	
（dB）钻孔（φ4×20，孔距 25）	0.11	0.23	0.41	0.27	0.41	0.49	
隔声 100mm 砌块（双面抹灰） 75mm 条板	34.7	37.5	53.9	40.1	51.9	56.2	40.6
（中孔 75mm 双面抹灰） （dB）175 楼板	38.6	49.3	49.4	55.6	65.7	69.6	54.0
（35mm 小石混凝土）	67.7	70.7	73.3	74.3	77.0	81.0	73.2

（2）砌块的验收

进场块材应分批验收，每批不超过 100m³，取样不少于一组 3 个试件，并按下列规定确定该组试件强度代表值。取 3 个试件强度的平均值。取 3 个试件强度中的最大值或最小值与中间值之差，不超过中间值 15%时，取中间值。当 3 个试件强度中的最大值和最小值与中间值之差，超过中间值 15%时，该组试件不应作为强度评定的依据。

2. 砌筑前的准备

（1）填充块材的准备

根据图纸设计的墙体分格尺寸，统计出填块的规格、数量，提前运到现场，按要求的规格种类分放，并对外观、几何尺寸进行检查验收。在砌筑前一天将砌块用水浇湿，以免在浇筑混凝土肋格时混凝土与填充块粘接不牢或因填充块吸水过快而使强度降低。

浇水时以渗入填充块表面 3cm 为宜，过湿会加大填充块的重量，增加劳动强度，同时也应尽量避免在脚手架上浇水。

（2）钢筋的准备

根据施工墙段的设计尺寸，将配制好的直筋、箍筋摆放在既不影响操作又方便施工的位置上备用。按操作程序，竖向钢筋先用，横向钢筋后用。

（3）模板的准备

由于墙体肋格尺寸大小是根据墙体的受力情况设定的，所以不能采用定型模板，因此现浇现砌工程以木模为方便。模板制作时，根据墙体的尺寸可在一个方向制成通模，另一个方向分块。一般竖向制成通模为好。

（4）混凝土的准备

根据混凝土工程的要求，按设计强度等级，搅拌混凝土。

3. 墙体现浇现砌

（1）在清理干净的墙基面上，按轴线弹出墙身线、门窗洞口位置以及肋柱的位置线。

（2）利用连接柱预设的钢筋立上标高控制杆，把门窗洞口、过梁、肋梁、楼板等标高位置划在标高控制杆上，立标高控制杆时，要求水准仪把室内±0.000位置定出，并使皮数杆上的±0.000与室内地坪±0.000重合。

（3）浇筑完墙体下层小梁混凝土后，在混凝土初凝时加浆安放填充块，并同时支模浇筑肋格间小柱，使填充块与混凝土牢固粘接，从而保证结构的整体性。

（4）现浇现砌墙体工程，在同一水平面宜同步进行，如不能同步进行施工缝必须设在连接柱部位。现浇现砌墙体墙面尺寸和位置允许偏差按表3-8执行。

现浇现砌墙体墙面尺寸和位置允许偏差　　表3-8

<table>
<tr><th rowspan="2">项次</th><th colspan="3" rowspan="2">项目</th><th colspan="2">允许偏差（mm）</th></tr>
<tr><th>墙</th><th>柱</th></tr>
<tr><td>1</td><td colspan="3">轴线位移</td><td>10</td><td>10</td></tr>
<tr><td>2</td><td colspan="3">楼面标高</td><td>±0.5</td><td>±0.5</td></tr>
<tr><td rowspan="3">3</td><td rowspan="3">墙面
垂直高度</td><td colspan="2">每层</td><td>5</td><td>5</td></tr>
<tr><td rowspan="2">全高</td><td>小于或等于10m</td><td>10</td><td>10</td></tr>
<tr><td>大于10m</td><td>20</td><td>20</td></tr>
<tr><td>4</td><td colspan="3">表面平整度</td><td>5</td><td>5</td></tr>
<tr><td>5</td><td colspan="3">外墙上下窗口偏移</td><td>20</td><td>—</td></tr>
<tr><td>6</td><td colspan="3">门窗洞口宽度</td><td>±0.5</td><td>—</td></tr>
</table>

3.3 工程实例

密肋复合板结构体系经过多年的研究，理论基本趋于成熟，随着示范工程的建成，得到了社会的广泛认可。下面介绍该结构实际应用的工程实例，便于读者对该体系有一个更深刻、更形象的了解。

3.3.1 河北省某小区住宅设计方案分析

1. 工程概况

该小区位于河北省某市，总建筑面积为219232m^2，用地呈三角形。b1、b2、b3、b4、c3、c4、c5、c7为半地下室1层、地上7层的多层住宅，基础采用墙下条形基础。b5、b6、b7、b8、b9、c6为地下一层、地上12层的高层住宅。结构形式采用“密肋结构体系”。总体规划突出“人与自然对话”的主题。建筑设计体现人居环境的协调，结构方案采用抗震、节能为一体的住宅建筑结构新体系并于先进的热源与太阳能综合利用、智能化的楼宇系统融为一体。

小区总平面图及结构布置图（b1住宅楼由H、F户型组合；b2住宅楼由H、E、G户型组合；c4、c5住宅楼由F户型组合；c7住宅楼由H、F户型组合）如图3-12所示。其中，b5住宅楼主要标准层平面及剖面图如图3-13～图3-15。

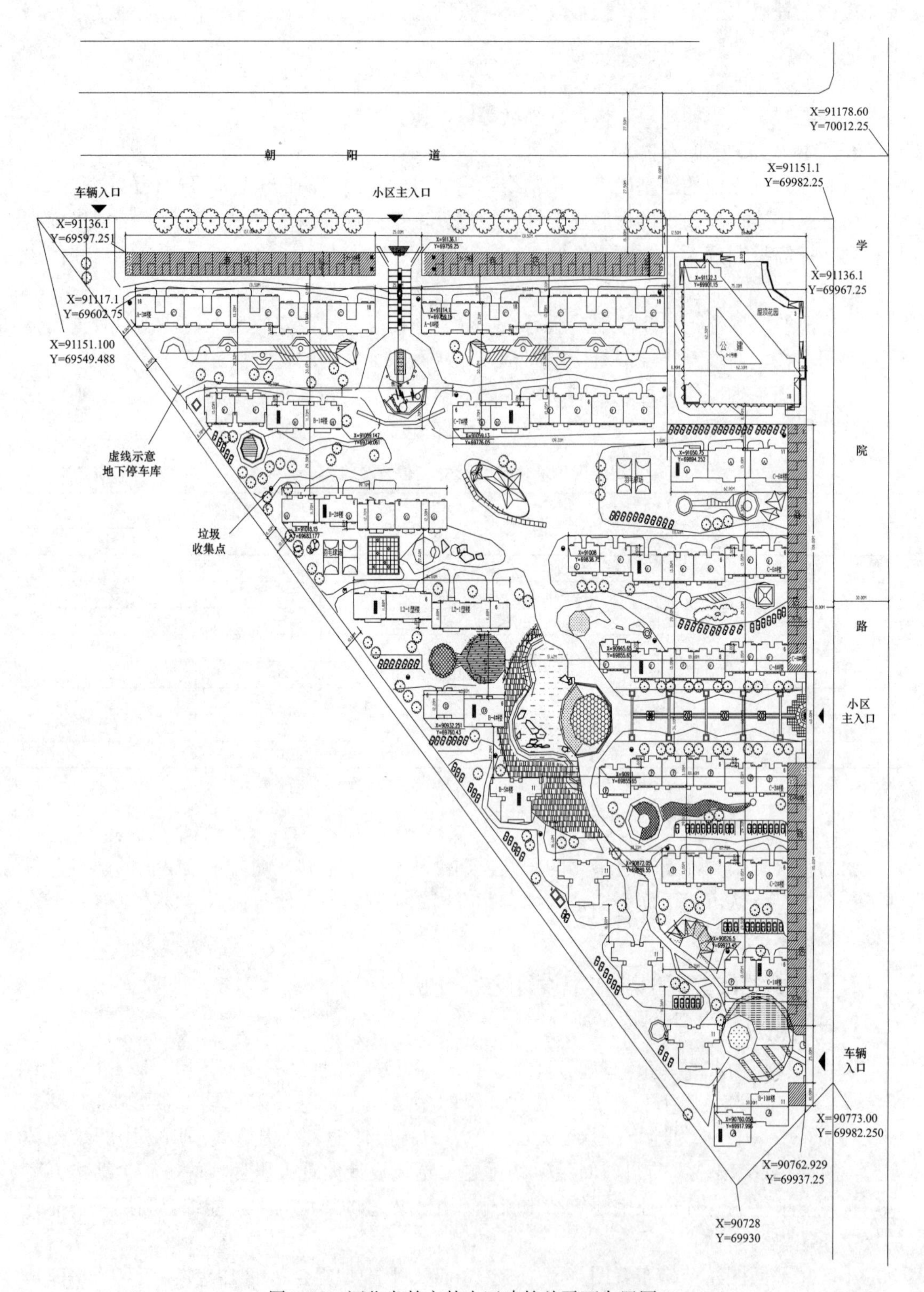

图 3-12　河北省某市某小区建筑总平面布置图

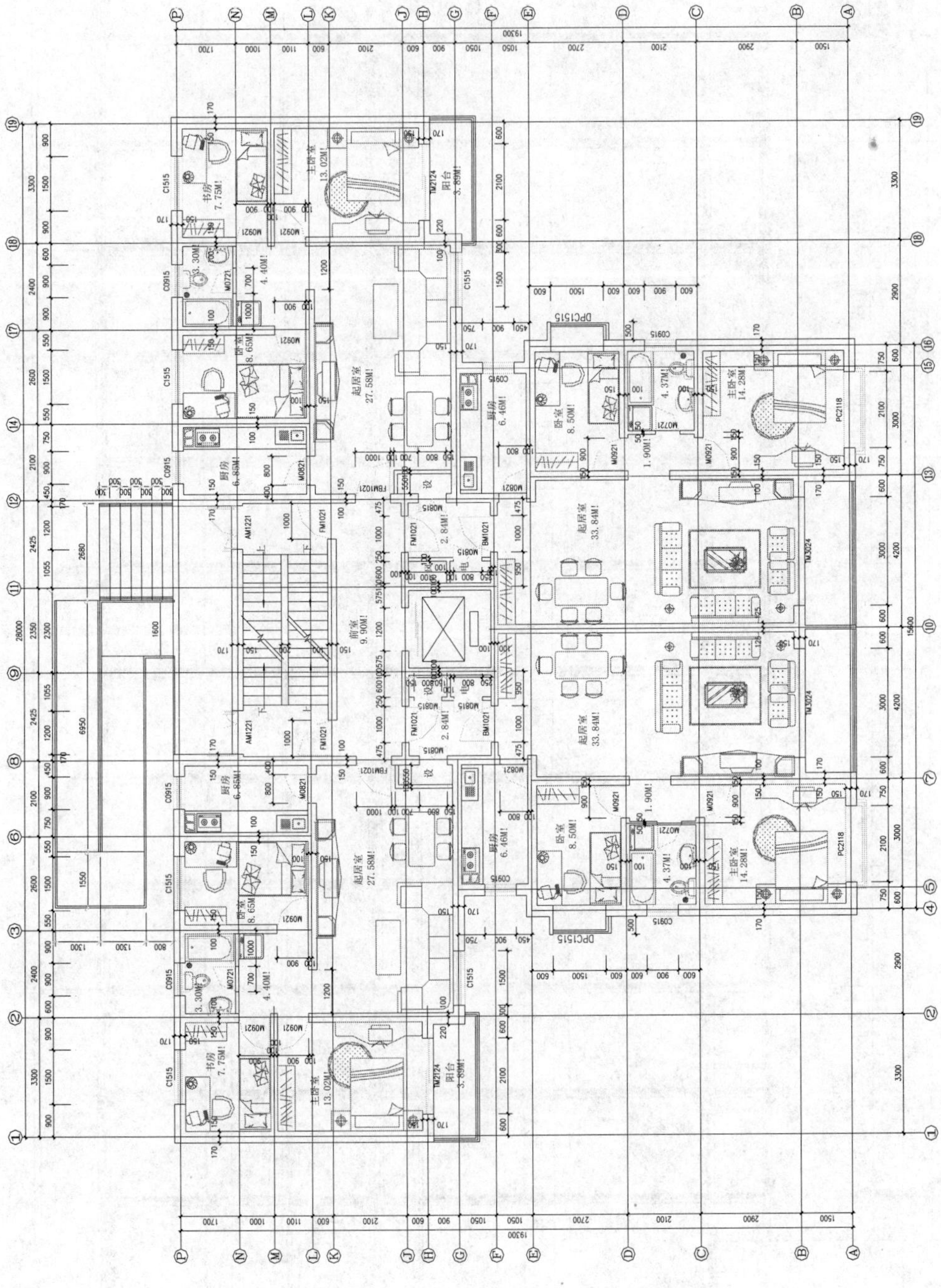

图 3-13　b5 标准层面

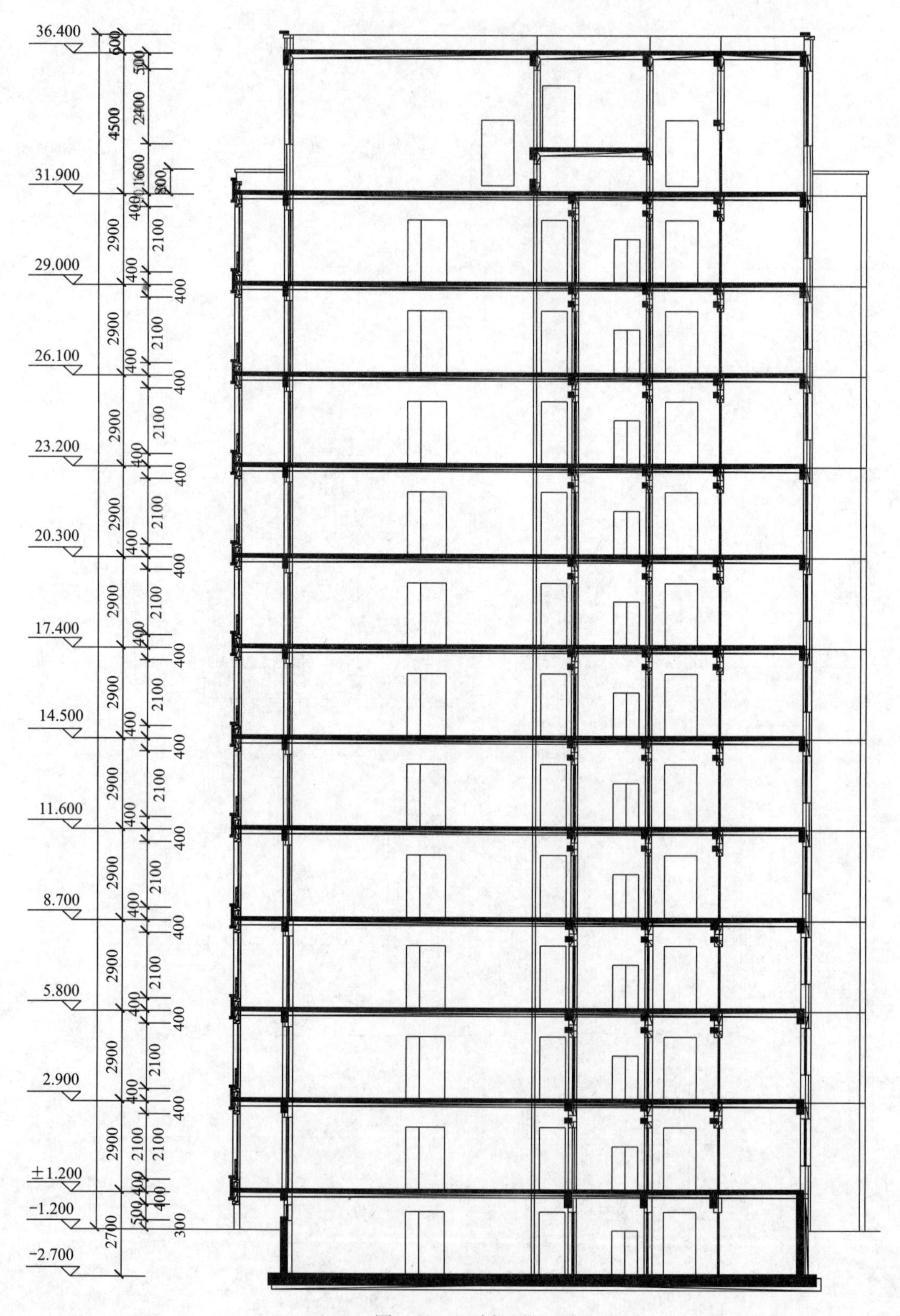
36.400
600
500
4500
2400
1600
300
31.900
400
2900
2100
29.000
400
400
2900
2100
26.100
400
400
2900
2100
23.200
400
400
2900
2100
20.300
400
400
2900
2100
17.400
400
400
2900
2100
14.500
400
400
2900
2100
11.600
400
400
2900
2100
8.700
400
400
2900
2100
5.800
400
400
2900
2100
2.900
400
400
2900
2100
2100
±1.200
400
400
-1.200
500
300
2700
-2.700

图 3-14　b5 剖面图

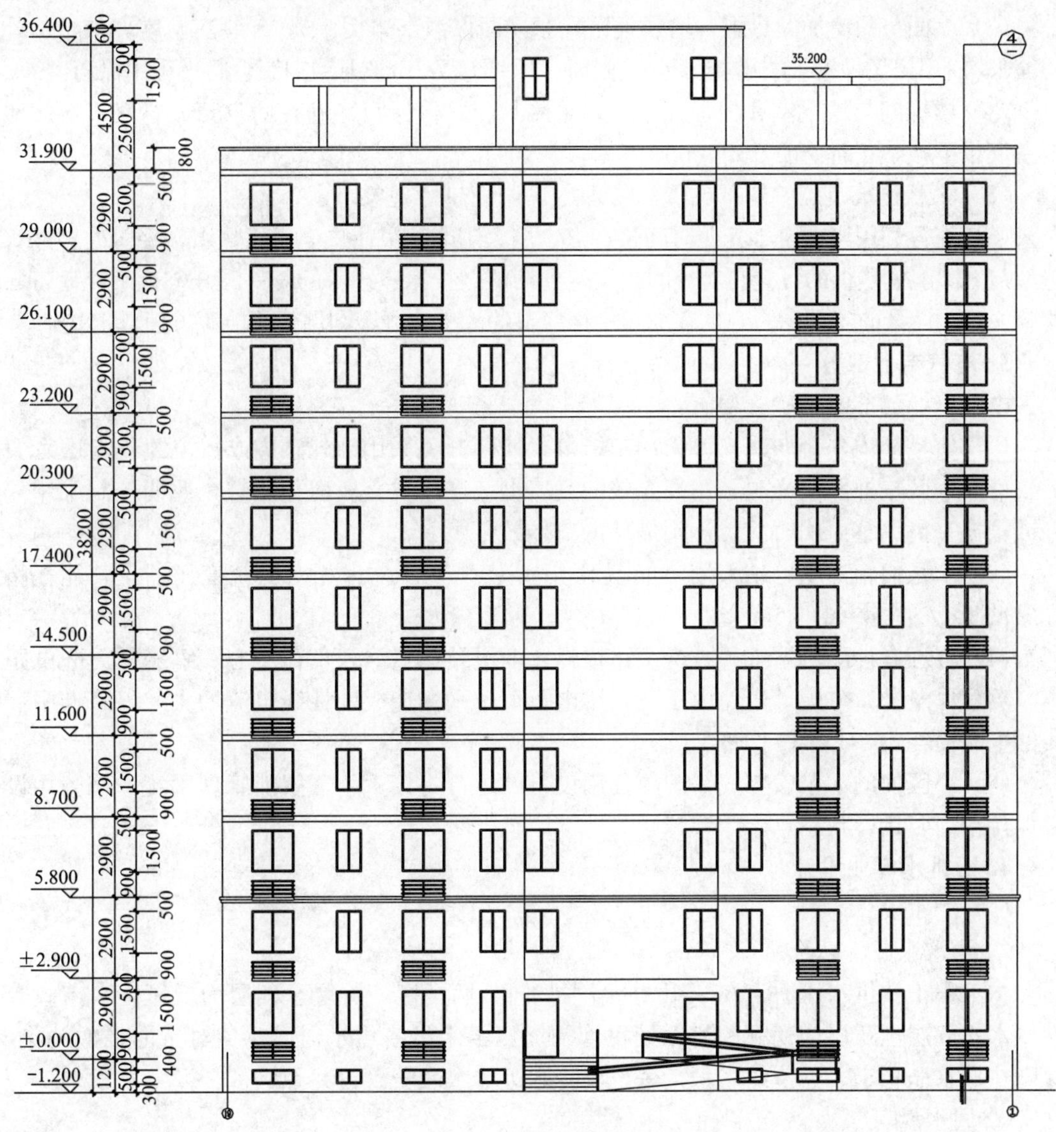

图 3-15　B5 立面图

2. 建筑专业部分

该小区的设计目标定为节能 65%，经分析拟在影响建筑耗热量的主要因素中抓主要矛盾并挖掘潜力提高相应部位的建筑热工性能，降低传热系数。具体措施如下：

（1）控制体形系数与窗墙比。体形系数是建筑节能的先决条件，体形系数小则建筑外表面积小体形整齐有利节能，它与建筑平面户型、立面造型相互制约，以达到三者的较好统一。因此在户型设计中注重功能造型与节能的关系，现以 b3 栋住宅楼为例作以说明，体型系数为 0.285。尽量缩小北窗窗墙比。具体数据如下：南 0.29，北：0.25，东：0.08，西：0.08。

（2）选择新型围护结构体系，控制传热系数。

采用密肋节能住宅结构体系。经热工计算表明 200mm 厚墙体，其保温、隔热性能优于 490mm 多孔粘土砖，为达 65%节能标准，外墙外侧再贴 60mm 厚聚苯乙烯泡沫板（传热系数达到 $K=0.534\mathrm{W/m^2}$）。

（3）屋面与门窗加大热阻，增强气密性。屋面保温层采用 110mm 厚高密度聚苯板。外门窗采均采用塑钢 12mm 中空玻璃保温门窗。$K=2.7W/m^2$。k 南向阳台门板采用保温型。

（4）楼梯间与地下室底板加强围护，采用封闭式楼梯间，隔墙贴 50mm 厚聚苯板。地下室底板下按热工计算贴 160mm 厚聚苯板。

（5）注意建筑节点，局部的保温处理尽量避免热桥现象。

（6）充分利用当地全年光照时间长特点，用太阳能解决住户生活用热水，妥善处理建筑造型与太阳能集热板的设置与美观问题。达到功能、技术、艺术的统一。开创太阳能设备与建筑一体化设计的先例。为今后在大规模推广节约人工能源，利用天然能源方面奠定基础。

3. 电气专业部分

电气专业的节能措施主要有：

（1）住宅楼内公用照明光源采用节能灯，照明开关采用红外感应或声控的节能开关。

（2）小区室外照明光源采用高光效的紧凑型荧光灯或金属卤化物灯，照明控制采用光控或根据季节调整照明时间，达到最佳的节能效果。

（3）小区内箱式变电站采用节能型 S9M 型密闭变压器，相对传统变压器，其能耗指标降低 20%左右。

（4）合理设计配电系统，减少线路损耗。变电站尽量深入负荷中心，缩短低压配电距离。负荷尽量平衡分配，避免由于三相用电负荷不平衡造成中性线电流增大，以降低中性线的电能损耗。

（5）小区内的水泵、燃气锅炉等公用设备的运行将接入小区智能管理系统，使公用设备保持在高效运行状态。

4. 给排水专业设计

（1）给水设计

① 给水水源、系统

本工程市政供水压力为 0.2MPa，给水竖向分两个区，首层至四层为低压区由市政管网供水；五层至跃层为变频调速无吸程管网增压给水设备供水，以避免对水的二次污染，保障住户水压稳定。为节约用水，每户设冷水远传水表于管道井中。

② 用水量

最高日生活用水定额	250L/人・d
使用时间	24h
使用人数	168 人
小时变化系数	2.5h
最高日用水量	$42m^3/d$
最长时间用水	$4.5m^3/h$

③ 热水系统

本工程采用热管式太阳能集中热水供应系统。全日制使用，机械循环方式闭式系统，温度控制器控制系统循环，循环水泵扬程足以克服管道阻力，流量取 $2L/min \cdot m^2$；集热面积，循环水泵采用单相式，安装于系统上部，采用 CKJ-F3 型楼宇公共用电均分器，该产品由固态双向晶闸管分时输流导通，以达到单元各用户均分电能的目的。辅助热源为燃气锅炉，并配套完善可靠的温度自动控制装置，以解决阴雨天或冬季日照不足难以使用的问题。为节约用水，每户设热水远传水表于管道井中。

④ 热水设计小时耗热量：

热水用水定额	80L/人·d
小时变化系数	4.3
使用人数	168 人
热水温度	55℃
冷水温度	8℃
热水设计小时耗热量	1.65KW

(2) 排水系统

雨、污水分流制，污、废水合流，单立管重力排水方式。首层单独排放，厨房、卫生间的卫生器具排水管均不穿越楼板进入他户同层排水。

(3) 管材与接口

① 冷、热水管均采用无规聚丙烯管材及管件，热熔连接，管道承压 1.0MPa。

② 排水管采用离心柔性接口铸铁排水管材及管件。

③ 卫生器具均采用新型节水型，水嘴采用节水型瓷芯。

5. 采暖专业设计

为了适应市场需要及目前城市供暖条件等多方面因素限制，本小区采用燃气锅炉供暖，室内低温地板辐射采暖方式，具体形式如下：

(1) 热源

为了节约热力管网投资及减少热能浪费，适应独立供暖要求，采用每幢楼设一个屋顶锅炉房，锅炉采用燃气真空锅炉，锅炉生产 65~400℃热水。锅炉结构如图 3-16 所示。

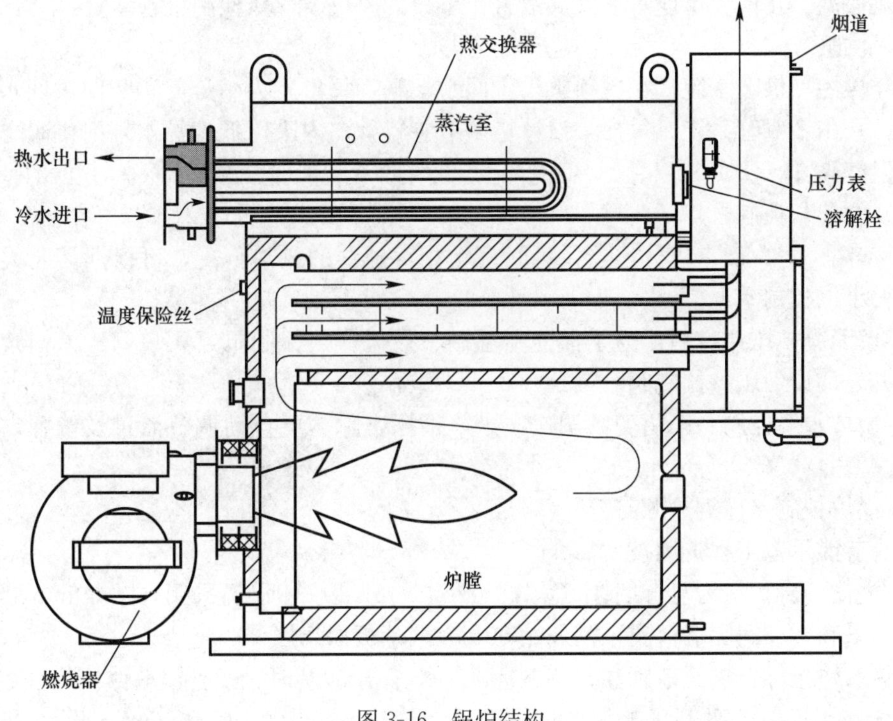

图 3-16 锅炉结构

(2) 性能特点

1) 真空锅炉在负压状态下工作，相比传统锅炉更加安全可靠，不必监检和使用注册手续。

2) 在真空锅炉系统中，由于换热器内置及多回路的形式出现，使系统的综合效率提高5%左右，真空锅炉热效率高达91%～92%。

3) 在正常工作温度范围内对燃烧器进行自动调节，控制用户燃料消耗量，节约运行成本。

4) 真空运行，负压无氧，电脑自动抽气装置，无须人工抽气，机组自带真空泵随时排气。

5) 锅炉本体无须除垢，减少普通锅炉每年的除垢工作量，热媒水专门处理，避免结垢。

6) 采用进口优质不锈钢换热盘管，避免采用铜管产生铜锈而影响生活热水质量的情况。

7) 多重安全保护

① 温度、压力控制。

② 通过微电脑控制器对燃烧器进行全自动程式控制，严格控制燃烧器吹扫、预点火、火焰检测、正点火、关闭吹扫等过程。

8) 在远离机房的场所（最多2处）监视锅炉的运转操作或运转状态，遥控器还可进行远方温度设定，低温运转控制，手动抽气的启动、解除以及日程运转远方预约定时器控制的等多种功能。

为了保证安全，供锅炉用燃气管道单独敷设，设在独立管井内，管井有通风，管井内燃气管道保温。在锅炉房设有燃气放散管。事故排风机及气体检测报警装置。

(3) 供暖方式

每幢楼为一供暖系统，在屋顶敷设供回水干管，每单元为一分支，竖向供回水管置于管井内，采用新双管系统。每户均设计量调节装置，户内采用低温热水辐射供暖方式，室内计算温度为 T_n＝200℃。

(4) 调节与控制

1) 室温：每户设有集分水器，每间房为相对独立的供热分支，可根据需要人为调节供水量大小以控制室温。

2) 单元分支压差控制：为了保证室温调节效果，须控制单元入户管压差恒定，放在单元分支处加设助压差拉制阀。

3) 循环水泵控制：采用变频调速技术，根据实际需要自动调节流量及扬程，减少多余电能浪费。

4) 锅炉控制，详见热源部分。(略)

(5) 节能示范工程选用技术简介

1) 主体墙身构造为复合墙体，墙厚200mm。外墙墙体保温采用外贴60mm聚苯板保温层；不采暖楼梯间隔墙保温采用外贴50mm聚苯板保温层。

传热系数指标：拟建地区在现节能标准上再节能30%时：①外墙墙体传热系数限值为0.57W/(m^2・K)；现采用的外墙墙体构造设计传热系数为0.534W/(m^2・K)。②不采暖楼梯间隔墙传热系数限值 0.63W/(m^2·K)；现采用的隔墙墙体构造设计传热系数为 0.601W/(m^2·K)。

2）节能屋面保温隔热采用聚苯板保温层，聚苯板保温厚度 110mm。

传热系数指标：唐山地区在现节能标准上再节能 30％时：屋面传热系数限值为 0.47W/(m^2·K)；现采用的节能屋面构造设计传热系数为 0.449W/(m^2·K)。

3）地面保温即不采暖地下室上部的地板保温隔热，现采用粘贴 140mm 聚苯板保温层。

传热系数指标：唐山地区在现节能标准上再节能 30％时：不采暖地下室上部的地板传热系数限值为 0.34W/(m^2·K)；现采用地板构造设计传热系数为 0.331W/(m^2·K)。

4）节能门窗采用单框双玻窗（空气层厚度 12mm），窗的气密性等级应达到Ⅱ级水平。

传热系数指标：唐山地区在现节能标准上再节能 30％时：窗户的传热系数限值为 3.15W/(m^2·K)；现采用单框双玻窗设计传热系数为 2.70W/(m^2·K)。

5）户内采用低温热水地板辐射供暖，该系统高效节能，具有以下特点：①热量自下而上辐射，使热量有效地集中在人体活动区域，在建立室内同样舒适度条件下，同比室温可比传统采暖低 2～3℃。②室内相对湿度的降低减少了冷风渗透的热损失，房间内空气流动减弱，和维护结构内表面之间的热交换温度梯度分布均匀，能降低房间上部热损失。③采用低温热水采暖使热媒温度的大幅度降低可以减少传递过程中热损失。④辐射地面不计入散热维护结构的计算面积。⑤有条件时可充分利用余热，节约能源。综上所述总计节能量应在 20％～30％左右。

6）采暖系统的计量技术采用分户热表计量。计量系统形式的组成：机械式流量计（电子脉冲传感方式）＋积分表＋铂电阻 Pt500 组成。此系统形式计量准确，安全稳定。

3.3.2 汶川地震后绵阳某银行办公楼震后改造加固

1. 办公大楼震害情况简介

绵阳市内某办公大楼包括主楼和两侧附楼共 3 栋，现浇混凝土框架结构，主楼 12 层，两侧附楼分别为 7 层（左）和 8 层（右），结构抗震计算、设计及构造措施等均依据《建筑抗震设计规范》（GBJ 50011），于 1994 年建成并投入使用，标准层结构平面如图 3-17 所示。

课题组应邀按照现行《建筑抗震鉴定标准》的要求，对大楼进行“结构综合抗震能力”两级鉴定：第一级鉴定以现场震害检测和初判鉴定为主，第二级鉴定以抗震验算为主，并结合原设计图纸、建筑使用情况、震害检测结果以及抗震设防烈度调整情况等进行。根据震后最新修订的抗震设防区划图，绵阳市区已由 6 度（0.05g）调整为 7 度（0.10g）。

该楼在地震后的损坏主要表现为：(1) 底部～三、四层的砌体填充墙、隔墙普遍出现 X 型剪切斜裂缝，其中二层处的填充墙破坏程度最大，楼梯间隔墙由下到上几乎都出现斜裂缝，如图 3-18；(2) 底层部分框架梁端、柱端出现可见裂缝等，如图 3-19。(3) 楼梯间、楼梯转角裂缝，如图 3-20。

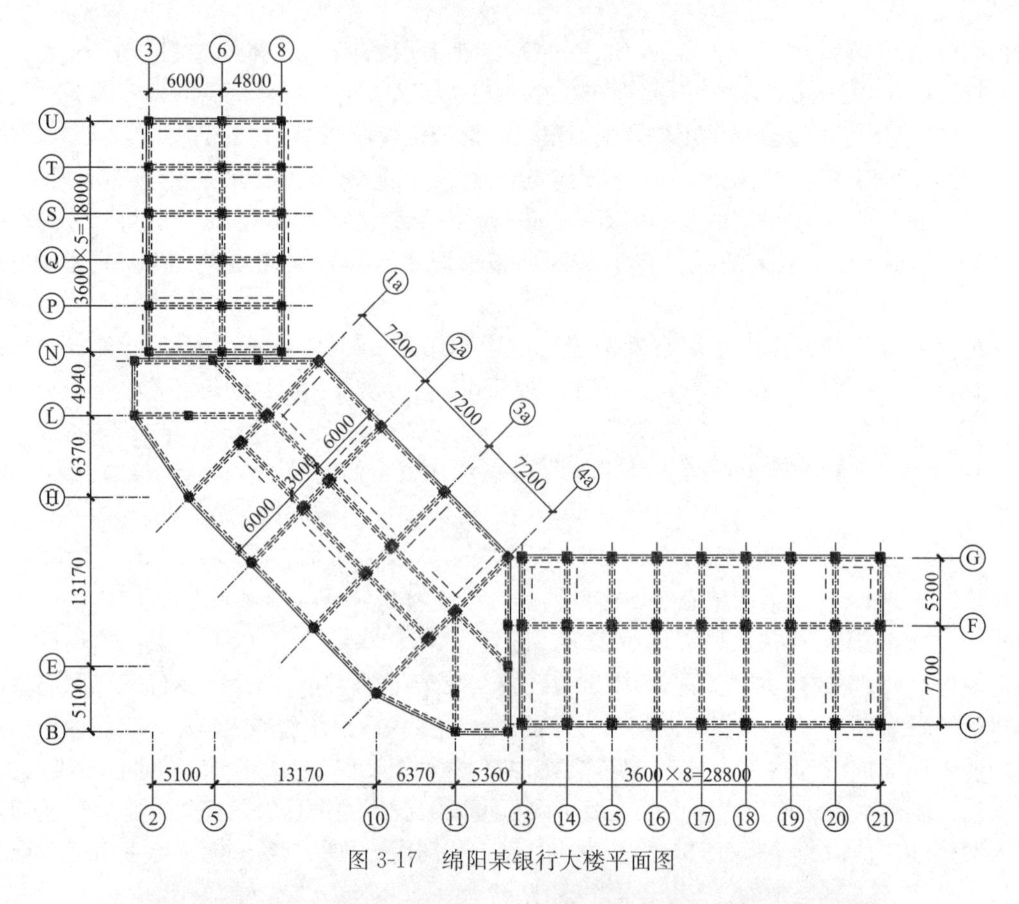

图 3-17　绵阳某银行大楼平面图

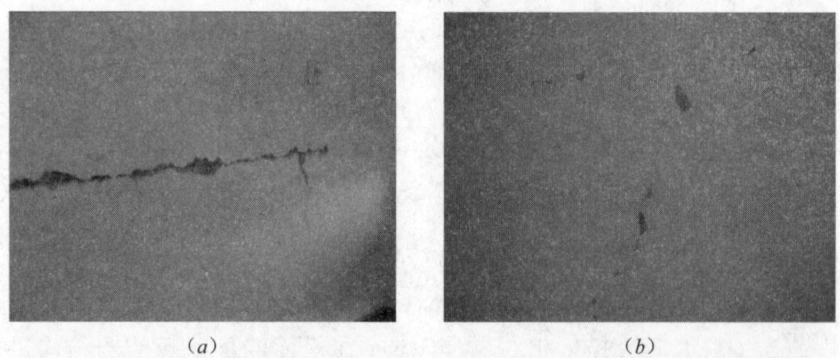

(a)　　(b)

图 3-18　填充墙、隔墙裂缝

(a)　　(b)

图 3-19　梁端柱端可见裂缝

(a)

(b)

图 3-20　楼梯间、楼梯转角裂缝

分析认为，造成结构局部破坏的主要原因是地震作用超过结构本身的承受能力，而高层框架抗震防线单一，在这次超设防烈度地震中产生了较大的变形，尤其是底部两层弹塑性变形幅度过大，部分框架梁端形成了塑性铰；主体结构仍有足够的承受重力荷载的能力，但承受水平地震作用和耗震能力大大降低，尤其是层高较高的底部两层在可能出现的强烈余震和设防烈度地震中会使结构既有损伤进一步累积和扩展，造成结构主体更大程度的破坏，甚至存在结构发生倒塌破坏的可能。而主楼和附楼之间的抗震缝对减小各楼震害起到了很大作用。

2. 不同地震烈度下原结构抗震验算结果及分析

现取震害较为严重的右侧附楼为例进行计算和分析。主要构件尺寸为框架 500mm×600mm，框架梁 350mm×600mm～250mm×600mm（横向）、250mm×400mm（纵向），混凝土 C30，底层层高 5.0m，2 层高 3.6m，3 层以上 2.8m，总高度 25.4m；原设防烈度 6 度，调整后设防烈度 7 度，本次地震烈度 8 度，振型数取 15 个，周期折减系数为 0.7，其他计算参数按原结构图纸和现行抗震规范确定。计算程序选用 ETABSv8 程序，计算结果见表3-9所示。

不同地震烈度下原框架结构弹性计算结果　　表 3-9

模型编号		Model1	Model2	Model3	Model4
α_{max}		0.04（6 度）	0.08（7 度）	0.16（8 度）	0.08（7 度）
周期（s）	T_1	1.3308（x）	1.3308（x）	1.3308（x）	0.6553（x）
	T_2	1.1030（y）	1.1030（y）	1.1030（y）	0.5060（y）
	T_3	1.0666（Rz）	1.0666（Rz）	1.0666（Rz）	0.3902（Rz）
最大层间位移角	x	1/1130	1/565	1/275	1/1585
	y	1/1457	1/728	1/364	1/2503
顶层位移（mm）	x	11.6	23.3	46.5	12.0
	y	9.5	19.1	38.2	7.4
基底剪力（kN）	x	753.2	1506.4	3012.8	2429.0
	y	889.4	1778.8	3557.6	2555.8
倾覆弯矩（kNm）	x	12934.1	25868.3	51736.2	43037.5
	y	15343.6	30685.9	61371.8	44903.0

注：Model4 是 7 度下框架加密肋结构的地震反应计算结果，Rz 代表第一扭转振型。

由表可知，附楼结构在 6 度抗震设防下具有相当大的承载力富裕度，两个方向最大层间位移角（1/1130、1/1457）均小于规范规定的框架 1/550 的限值，底层框架柱轴压比为 0.5～0.7，小于抗震规范规定的 0.9 限值，而在 7 度地震作用下，最大层间位移角和底层柱轴压比亦满足规范限值要求，查看框架柱、框架的实际配筋数量接近七度地震作用计算结果，可见原结构的安全裕度是此次强震下结构主体没有受到严重损坏的重要原因之一。

底部 1、2 层层高分别为 5.0m、3.6m，层间侧移刚度小于本层以上 3 层平均侧移刚度 80%，为薄弱层，根据现场勘查判断，原结构设计除按规范进行了薄弱层内力及配筋调整外，并未采取其他提高底部抗侧刚度的有效措施。验算 8 度地震作用时，结构所承担的地震剪力和倾覆弯矩远大于设防烈度下相应外力，底部两层多数框架梁截面及配筋不满足计算要求，与实际框架梁受损情况基本符合；最大弹性层间位移角出现在 2 层，计算值达到 1/275，也与该层填充墙破坏最为严重的情况相符合，总体来说结构处于三水准设防要求中的第二和第三水准之间，经过加固修复可以使用。设防烈度调整到 7 度后对结构自身要求的变化主要体现在框架抗震等级的提高和相关构造措施更加严格两方面，原框架抗震等级为 4 级，调整后抗震等级提高到 3 级，相应构造措施和内力调整均需按照 3 级要求进行确定。

3. 加固思路

复合抗震墙（以下简称复合墙）是由截面及配筋较小的钢筋混凝土框格，内嵌以具有一定强度的轻质砌块组合而成。复合抗震墙在水平荷载作用下，与隐形外框架共同工作，充分发挥各自性能。前期课题组进行的大量复合墙体试验证明，复合墙具有很大的平面内刚度，弹性阶段墙体对隐形外框架刚度的增强作用一般在 10 倍以上；极限荷载状态下，墙体的作用退化为斜压杆支撑机制，其承载能力是相同尺寸、材料的空框架承载能力的 3～4倍；抗震性能方面，由于砌块在框格单元约束下的开裂与非弹性变形，吸收并耗散了大量地震能量，从而有效提高了结构的耗能能力，避免主体梁柱在大震中的较大损坏。与相同条件下框架结构、剪力墙结构进行定性对比分析表明，复合墙体结构的变形介于框架结构与剪力墙结构之间，并且小于框架结构而略大于剪力墙结构；而从受力上来看，复合墙体结构的地震反应小于剪力墙结构而略大于框架结构。将复合抗震墙用于受损框架结构尤其是中高层框架结构的整体加固，即能充分发挥复合墙具有良好抗震性能的优势，又可以大幅降低新增构件部分自重，减小加固后结构地震反应增大的不利影响和墙下基础处理难度。

4. 增设复合墙加固高层框架结构设计

附楼平面形状和构件布置比较规则，但横向仅为两跨且总层数为 8 层，当设防烈度提高到 7 度后，横向显得有些单薄，分析原结构受损情况和抗震验算结果认为必须要进行提高结构抗侧刚度和抗剪承载力的加固之后才能保证结构正常使用的安全性。拟采用增设复合抗震墙的整体加固方案，优点如下：

（1）墙体自重轻，加固成本低。复合墙取代原有填充墙后，增加的自重仅是扣除构造柱和系梁后的肋梁、肋柱自重，墙下基础稍做处理即可。

（2）施工速度快。墙体预制后吊装嵌入框架内部，相对于混凝土剪力墙现场绑扎钢筋、支模和浇筑混凝土的传统施工工艺，施工速度提高 30%以上。

（3）大震下墙体具有多道分灾抗震防线，抗震和耗能性能良好。

（4）便于实现整体结构抗侧刚度和抗剪承载力由下至上的均匀变化，减小顶部框架承受的拉力。框剪结构中上部剪力墙侧向位移大于框架部分，在两者变形协同的条件下，框架需要承担一定的反向拉力，这对于采用普通剪力墙加固后的顶部框架是不利的，采用复合抗震墙，通过主动调节框格单元截面和间距，沿竖向均匀降低墙体刚度，减小或避免了顶部框架承受的不利拉力作用。

（5）空间布置相对灵活，不会改变现有的空间格局。

考虑底部两层框架已经受到较大损伤，要求底部抗震墙承担80%以上的地震剪力，以减少框架梁柱的加固工程量，随着上部结构震害的减轻，通过减少墙体框格单元截面尺寸的方法逐渐减小墙体面内刚度，过渡到上部几层普通砌体填充墙。原框架承受扭转能力较弱，复合墙体尽量布置在周边以增强结构抗扭刚度。经反复试算后确定复合墙数量、厚度和位置为：底部两层受损填充墙全部拆除，取代以200mm厚复合墙，等效混凝土墙厚为100mm，3～6层在周边设置200mm厚复合墙，等效混凝土墙厚为80～50mm，复合墙混凝土强度均为C30，普通加气混凝土砌块；7层和8层保持原有填充墙不变，计算结果见表1中Model4。设置复合墙后，最大层间位移角为x向1/1585、y向1/2503，第一扭转振型与平动振型比值为0.6，表明结构抗侧刚度和抗扭刚度显著提高。

加固后底层抗剪承载力验算：y向基底剪力值为2555.8kN，由复合墙承担80%，框架承担20%，则框架承担的剪力为511.16kN，小于原基底剪力计算值889.4kN。复合墙承担剪力2044.6kN，其抗剪承载力按下式计算：

$$V=\frac{1}{\gamma_{RE}}\left[\frac{1}{(\lambda-0.5)}(0.035f_cA_c+0.035f_qA_q+0.08N)+f_yA_s\right] \tag{3-2}$$

$$V_u=\frac{1}{\gamma_{RE}}\left[\frac{1}{(\lambda-0.5)}(0.35f_tA_c+0.2f_{qt}A_q+0.08N)+0.8f_yA_s\right] \tag{3-3}$$

式中 γ_{RE}——承载力抗震调整系数，取0.85；λ为墙体高宽比，$\lambda=h/b$（$1.5\leqslant\lambda\leqslant2.2$）；$f_c$、$A_c$——肋柱混凝土抗压强度设计值、肋柱截面面积；$f_q$、$A_q$——框格单元内砌块抗压强度设计值、砌块截面面积；$f_y$、$A_s$——剪切截面内肋梁纵筋抗拉设计强度、肋梁纵筋截面面积；N——墙体的轴向压力设计值，当$N>0.2f_cA_c$时，取$N=0.2f_cA_c$或偏于安全不考虑墙体压力的有利作用。

计算得底层复合墙总抗剪承载力为3360kN，远大于其分担的基底剪力计算值2044.6kN，满足要求且具有一定的安全储备。

附楼增加的自重按轴线计算得26.8kN/m，该轴线荷载总重约为220.6kN/m，自重增加12%，原结构采用扩底灌注桩基础，沉降基本稳定，设计墙下基础为钢筋混凝土条形基础，基础梁两端与桩承台铰接以减少新旧基础沉降差异，施工难度较小。框架梁柱端部和楼板支座位置根据不同破坏情况采用常规的粘贴钢板加固法，左侧附楼和主楼的分析过程同上。因此，选用密肋复合板结构对震后工程进行改造加固是经济可行的方案之一。

3.3.3 西安建筑科技大学1号学生公寓密肋复合墙体生产工艺

密肋复合墙体作为密肋复合板结构的主要受力构件，其生产供应与自身质量直接关系到主体结构的施工速度和整体质量。西安建筑科技大学1号学生公寓试点工程与更新街“科技节能示范小区”的施工，为密肋复合墙体的生产积累了宝贵的经验。对试点工程密肋复合墙体的生产工艺，现场管理及质量保证体系作以简介。

西建大 1 号学生公寓墙体现场预制生产工艺：

(1) 施工总平面

施工总平面如图 3-21 所示。

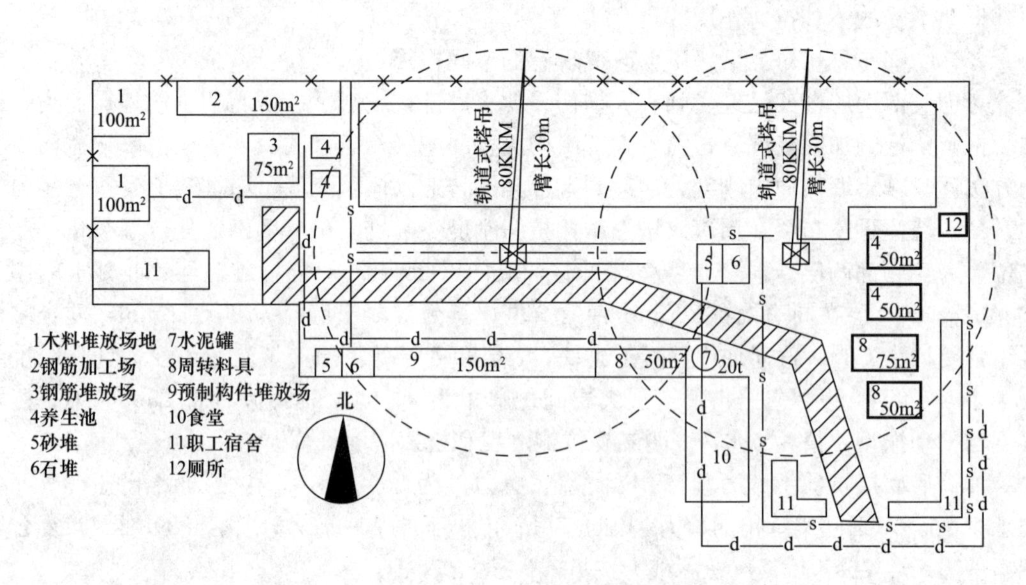

图 3-21　1 号学生公寓施工总平面图

(2) 现场预制蒸养池的设计

1) 现场预制蒸养池布置：蒸养池在施工现场建筑物塔吊转半径范围内设置，1 号、2 号蒸养池设置在西侧，开挖深度为 5mm，长 6.2m，宽 6.2m，在 3 号、4 号、5 号、6 号、7 号、8 号、9 号蒸养池设置在东侧，开挖深度为 2.5m，长 5.3m，宽 5.3m。蒸养池底部用3：7灰土夯实，砌筑三条烟道，烟囱设置在侧壁与灶相对应处。1 号蒸养池设火墙一道，与内壁尺寸相同，其他的不作火墙设计。根据实际测温情况加设升温电加热管（3000 瓦 2 组）。蒸养池内壁砌筑 24cm 实心砖墙作四壁围护，四壁内侧抹 2cm 厚的 1：2 砂浆一道，外侧用土回填保护。图 3-22 为蒸养池平面、剖面图。

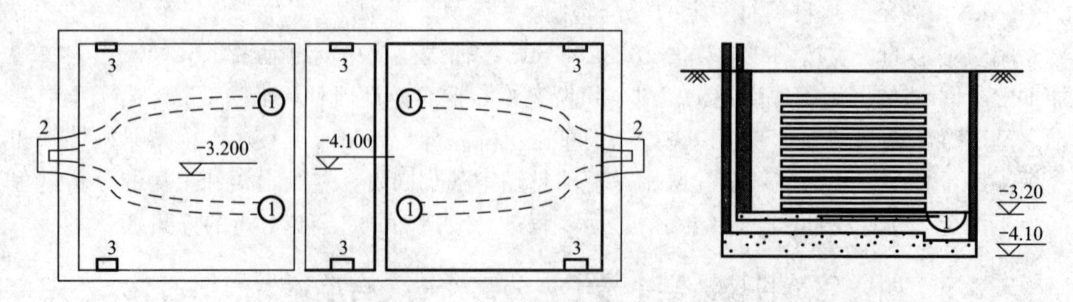

图 3-22　蒸养池平面、剖面图

2) 蒸养池底板：蒸养池挖深到底后，在砌筑烟道的上面，用 C12 混凝土加设 6.5@200 的钢筋网作为底板，底板表面要求平整光滑，平整度要求不大于±1.5mm，四周设有回水槽，以便使冷凝水流回加温容器内，加热产生蒸汽的容器采用 1m 的铁锅。

3）炉灶的搭设：按产生蒸汽的容器直径进行搭设，炉灶高为1m，并得到炉架设在炉灶上，炉灶中铸铁炉条，下设出灰池。

4）蒸汽池罩的设置：依据蒸汽池的长×宽尺寸制作，罩子以5cm木料作骨架，纵横骨架间距为0.5m，并在骨架上下两面用塑料膜封闭严密，使之具备一定的气密性。

（3）模具

1）外模板用5cm厚的木板，按墙体设计图要求的规格尺寸制作，钢筋伸出部分要事先留设空洞，外模要求必须有足够的刚度。

2）叠制生产十层所需的底模，采用3cm厚的木板进行加工制作，平铺在直径50mm钢管上，使每层之间形成蒸汽的通道。

（4）钢筋骨架制作

按设计图的钢筋形状、尺寸，预先进行骨架的制作，钢筋制作前，必须持有出厂的材质合格证明和复检合格报告，合格后方可使用。骨架的制作依据墙体的设计图严格控制。

（5）混凝土浇筑

混凝土浇筑前，要严格按墙体的设计图尺寸、预埋件、预留孔洞，要进行自检、复检无误后，会同甲方及监理人员进行隐蔽检查，合格后，方可进行浇筑。硅酸盐加气块，必须预先用水浇透、润湿全饱和，然后将硅酸盐加气块按要求横、竖拉线找齐，使其在同一平行线上后，方可开始浇筑混凝土。混凝土原材料必须进行试验检验合格后方可使用，混凝土配料需严格按照配合比进行配料。

混凝土要严格按施工规范进行振捣，振捣时要认真、细致、不得漏振，达到密实。

（6）预制密肋式墙体的制作工艺

制作工艺流程图见图3-23示。

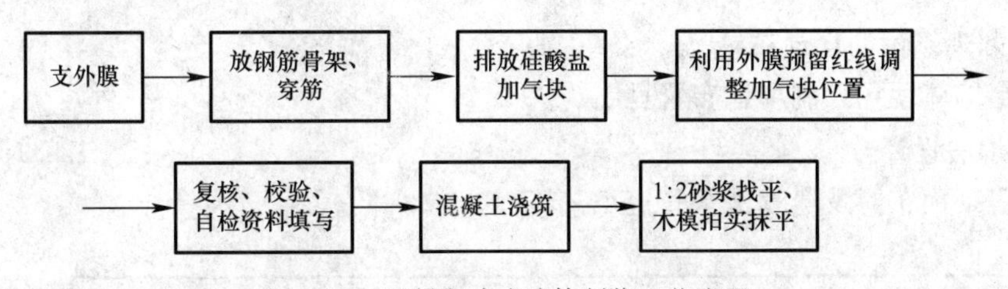

图3-23　预制密肋式墙体制作工艺流程

1）支外模：外模板依据设计图、墙体的规格尺寸设计，预先平铺在底模上，并用钢管进行加固。

2）先将骨架按外模预留孔洞的位置排放钢筋骨架，先纵筋后横筋，然后进行绑扎，绑扎后的骨架一定要牢固。

3）按设计图中的硅酸盐加气块的规格尺寸，在每一格子中，排放整齐，排缝要严密，缝隙大于0.8mm的缝须用砂浆进行灌注，硅酸盐加气块排放好后，要进行调整。

4）复核、校验：对成型后的墙体，在浇筑混凝土前进行自检和隐检、复验，对外模的尺寸，对角线、钢筋及硅酸盐加气块等容易检查后，填写口检、隐检记录，经监理单位认可，方可进行浇筑混凝土。

5）叠制生产第一层完成后，进行铺木方、铺底模、放置外模，进行重复生产。

6）板件制作完成后，要编号和注明墙体的型号及生产日期。

7）混凝土试块的留置，每两炉做三组试件，作为墙体预制生产达到强度标准的依据，其中有二组随池蒸养，一组作为标准试件蒸养。

8）混凝土的浇筑及蒸养：

① 混凝土浇筑前，要在验收复核后进行，硅酸盐加气块必须用水润湿浇透后，方可浇筑混凝土。

② 混凝土振捣按施工规范的技术要求进行，浇捣要严密不得漏棒。

③ 混凝土浇筑完毕后，开始进行蒸汽蒸养，蒸养时的温度上升，要逐渐升温，升温速度不得超过 20℃/h，恒温加热阶段，则保持 90%～100%相对湿度，硅酸盐早强水泥最高温度不得大于 50℃，降温速度不得超过 10℃/h，温度曲线如图 3-24 所示。

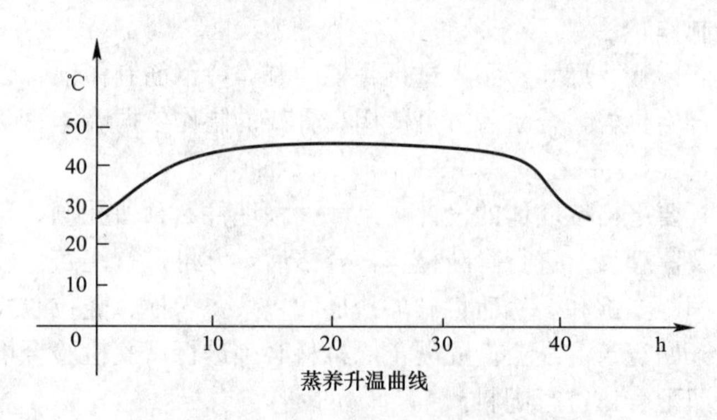

图 3-24　蒸养温度曲线

3.3.4　西安市更新街小区墙体现场预制生产工艺

1. 墙体现场预制场地布置

更新街墙体现场预制场地布置见图 3-25。

2. 锅炉房设计

锅炉房平面布置及蒸汽锅炉管道工艺流程如图 3-26 所示。

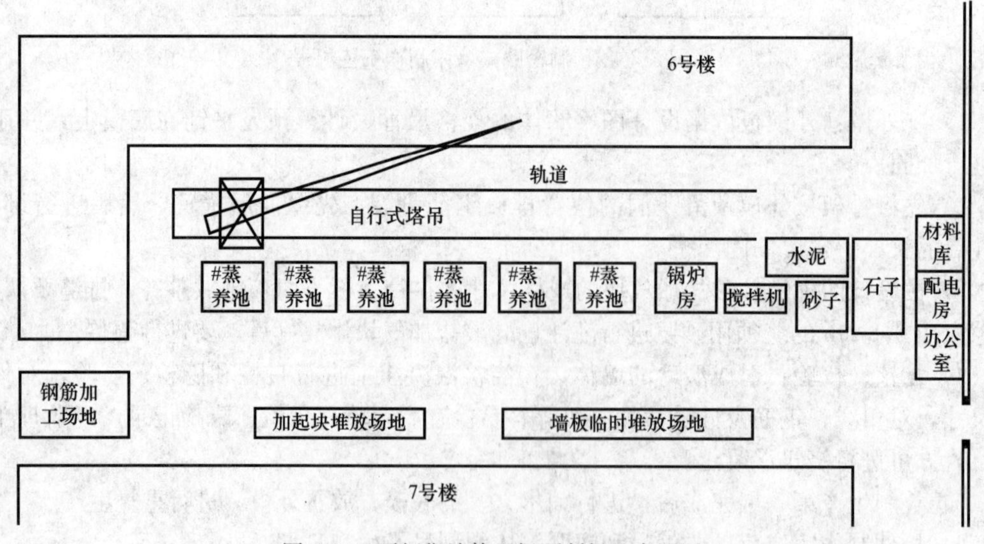

图 3-25　更新街墙体现场预制场地布置图

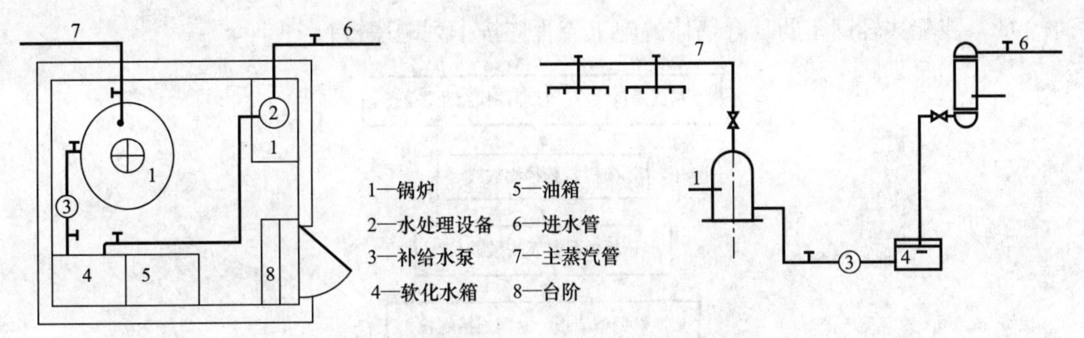

图 3-26　锅炉房平面布置及蒸汽锅炉管道工艺流程

3. 蒸汽养护技术措施

静停阶段：硅酸盐水泥、普通硅酸盐水泥配制的混凝土，对蒸汽养护的适应性较差，因此，构件在蒸养前宜先在常温下静停 2 小时。

升温阶段：升温速度不能太快，不得超过 25℃/h。

恒温阶段：恒温阶段应保持在 90%～100%的相对湿度，以免干裂，蒸养养护的最高温度不得大于 90℃。

降温阶段：降温速度不得超过 10℃/h。

墙体出池温度：墙体出池后其表面与外界温差不得大于 20℃，墙体蒸养温度曲线如图 3-24 所示。

4. 墙体工艺流程

（1）装配整体式密肋复合墙体施工流程应按下列顺序进行：

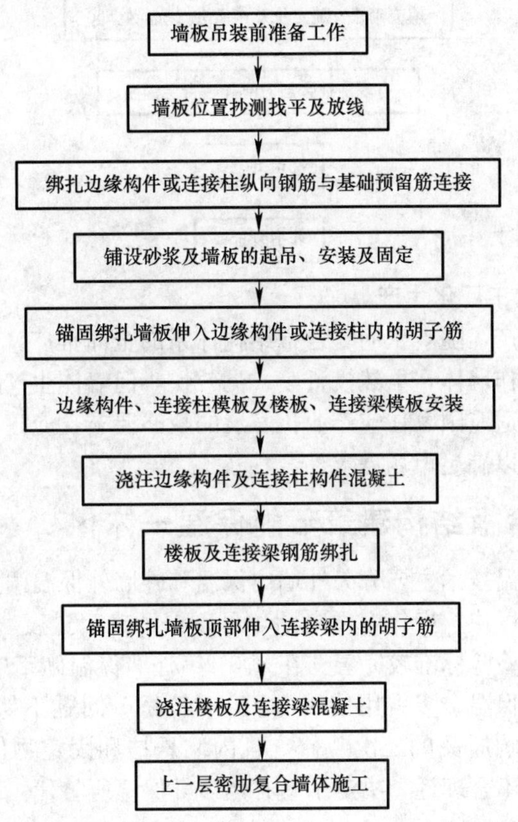

（2）装配式轻钢密肋复合墙体的施工流程应按下列顺序进行：

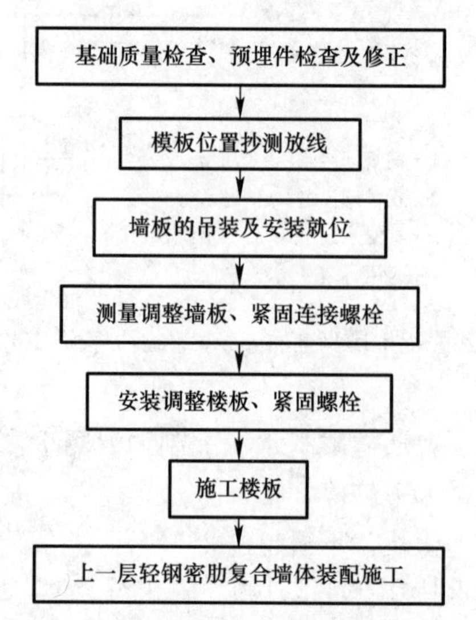

（3）现浇密肋复合楼盖的施工流程应按下列顺序进行，绑扎肋梁钢筋与填充块体安放定位的顺序可视具体做调整。

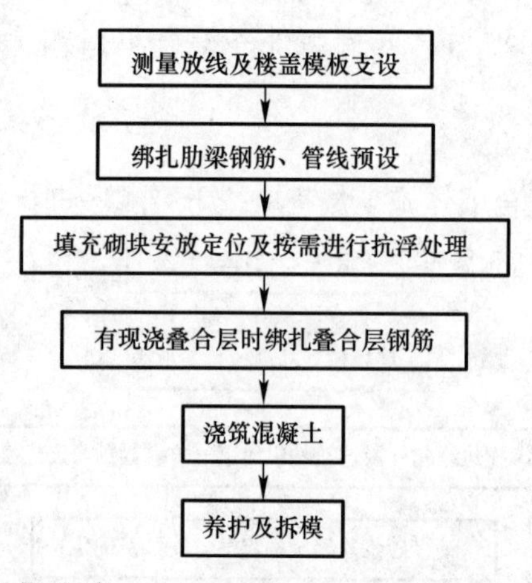

5. 密肋复合墙体的工厂化生产

密肋复合墙体的生产，随着密肋复合板结构体系的全面推广，必须走向工厂化、专业化生产的道路。现场制作墙体，虽然投资小、见效快，但墙体生产能力及自身的质量都存在一些不足之处。为了适应国家住宅产业化发展的战略要求，应建成集产学研于一体的新型结构科研生产基地，以满足市场需求。

3.4 密肋复合板结构建筑节能保温一体化

传统的建筑外墙保温技术主要分为外墙内保温和外墙外保温两大类。

外墙内保温施工速度快，操作方便灵活，可以保证施工进度。内保温应用时间较长，技术成熟，施工技术及检验标准较完善。在 2001 年外墙保温施工中约有 90%以上的工程应用内保温技术。但内保温会多占用使用面积，“冷桥”问题不易解决，容易引起开裂，还会影响施工速度，影响居民的二次装修，且内墙悬挂和固定物件也容易破坏内保温结构。内保温在技术上的不合理性，决定了其必然被外保温所替代。

3.4.1 保温技术研究现状

1. 传统结构保温技术

传统外墙保温技术主要分为外墙内保温和外墙外保温两大类。

外墙外保温是目前大力推广的一种建筑保温节能技术，外保温工程在欧洲已应用多年，常使用的是EPS板抹面外保温系统。欧洲是世界上最早开展技术认定的地区，早在1979年，欧洲建筑技术鉴定联合会就已发布了EPS板抹面外保温系统鉴定指南。我国20世纪80年代中期开始进行外保温工程试点，首先用于工程的也是EPS板抹面外保温系统。外保温优点：(1) 不易形成冷桥，保温效果稳定；(2) 提高了墙体的防水和气密性，降低含湿量；(3) 便于旧建筑物节能改造，提高室内热环境质量；(4) 无须设置隔气层；(5) 保护主体结构，延长建筑物寿命；(6) 适用范围广。而不足之处在于：成本高，施工难度大，施工工艺要求高，对外墙装饰有影响。

外保温与内保温相比，具技术合理性，与明显的优越性，使用同样规格、同样尺寸和性能的保温材料，外保温比内保温的效果好。适用范围广，技术含量高；能够保护主体结构，延长建筑物的寿命；有效减少了建筑结构的冷桥，增加建筑的有效空间；同时消除了冷凝，提高了居住的舒适度。

目前常用的外保温技术体系包括：胶粉聚苯颗粒外保温、现浇混凝土复合无网聚苯板聚苯颗粒外保温、现浇混凝土复合有网聚苯板聚苯颗粒外保温、岩棉聚苯颗粒外保温、外表面喷涂泡沫聚氨酯和保温涂料等。

2. 新型保温技术

建筑外墙采用保温隔热技术不仅是建筑节能中的一项内容，对于墙体材料的选择，墙体构造的热工设计计算和施工。随黏土砖的进一步被禁止使用，取而代之的是大量的轻质高强的新型建筑材料。由于传统墙体保温技术大多为后施工，通过粘贴、外挂等手段实现。二次施工不但增加了很多建筑的成本而且保温层与建筑本身的连接存在很多问题，耐久性不能得到保证。墙体外保温一次成型技术不但很好的解决了二次施工问题，还提高建筑结构的工业化水平，降低了建筑成本，例如哈尔滨宏盛公司开发的HS-ICF外墙保温建筑结构就是这样的例子。其特点为：

(1) 标准化、工厂化、规模化生产模块。模块是国内独家采用电脑全自动生产线模具化生产，而且一次高温真空成型并在模腔内完成收缩变形，产品质量稳定，几何尺寸准确。

(2) 模块在混凝土剪力墙浇筑前是外侧免拆模板，混凝土成型后即为外墙外保温层。从而取消了一侧模板，取代了现有外墙外保温系统二次粘贴保温板的复合墙体构造。因此，既加快了施工进度、又降低了工程成本，确保了工程质量和外保温层的安全性和可靠性，杜绝了质量缺陷的产生，集结构承重、墙体保温一次完成。

(3) 提高建筑物耐久年限，做到保温层与结构墙体同寿命。由于EPS模块技术性能指标的大幅度提高和混凝土握裹着连接桥、连接桥拉结着模块、模块内外表面均匀分布的燕尾槽与混凝土形成的有机咬合，其独有的复合墙体配套组合方式，有效地提高了节能建筑的耐久年限，做到保温层与节能墙体同寿命，打破了节能建筑规范中EPS板耐久只限25年的行规。经对粘贴面砖的复合墙体耐候性试验检测，其各项技术指标完全满足国家标准。

另外，传统墙体保温技术大量使用有机材料，泡沫聚苯、泡沫聚氨酯等其他有机保温材料，均具有易燃性，且轰燃性强，火势凶猛，难以扑救。此外有机材料耐久性差，不能实现与建筑结构的同寿命，增加了建筑的运营成本。而有机材料在生产过程中消耗大量的能源，高污染、高碳排放。因此以无机保温材料取代有机保温材料在建筑节能中为大势所趋。在此背景下北京太空板股份有限公司研发的发泡水泥材料是一种新型发泡混凝土材料，与传统保温材料与保温体系相比具有自身独特的优势：

① 防火：发泡水泥以水泥为主料，为安全不燃材料，耐火级大于 2 小时，可达 A 级防火标准，完全可以满足任何建筑的防火要求。更大的优势是，现浇泡沫混凝土保温墙体，可以将钢结构完全包覆在泡沫混凝土中，将钢结构保护起来，即使发生火灾，钢结构也不易变形倒塌，解决了钢结构的防火问题，起到双重防火的作用。

② 耐久：泡沫混凝土耐久性大于 50 年，可与建筑同寿命，一次保温施工可使建筑终身保温，避免了多次保温施工的不足。

③ 生态环保：泡沫混凝土基本以无机材料为主体，生产时消耗很少的煤石油等能源，无有害物质产生，生产现场无任何异味。其在使用过程中不会产生分解物，绿色环保，是建筑保温的最佳选择。

3.4.2 密肋复合板热工计算理论

我国所处地理位置为北半球的中低纬度（北纬 550～200），大部分地区属于东亚季风气候，同时带有很强的大陆性气候特征。冬季气温与世界同纬度地区相比低 5～18℃，夏季气温与世界同纬度地区相比高出 2℃，并有不断提高的趋势。同时，冬夏持续时间长，春秋季节短。按照《民用建筑热工设计规范》（GB 50176）。无论是哪一类气候区，对于建筑物而言，主要解决的是寒冷冬季和炎热夏季的热舒适性。

在夏热冬冷地区，采用密肋复合板这种新型建筑材料进行墙体的热工性能计算时，要同时计算墙体的传热系数 K 值和热惰性指标 D 值，判断是否满足保温与隔热的双重要求。

建筑围护结构的热工性能主要指保温性和隔热性。围护结构的保温性能通常是指围护结构在冬季阻止由室内向室外传热，从而使室内保持适当温度的能力。围护结构的隔热性能通常是指在夏季自然通风情况下，围护结构阻挡太阳辐射热和室外高温的影响，从而使室内内表面保持较低温度的能力。保温性能反映的是冬季室内向室外传热的过程，通常可按稳定传热考虑，并采用围护结构的传热系数 K 值［w/(m・k)］或传热阻 R 值［(m・K)/W］来评价。而隔热性能反映的是夏季室外向室内的传热过程以及夜间室内向室外的散热过程，通常以 24h 为周期的波动传热来考虑，是用当地的气候条件及围护结构的构造层情况算出内表面的最高温度 t_{max}（℃），然后与当地夏季室外最高计算温度 t_{max}（℃）作比较来评价的。冬季保温一般只要求提高围护结构的热阻，减小其传热系数 K 值来满足保温节能的要求；而夏季隔热不仅要求围护结构有较大的热阻，同时还要求有较好的热稳定性，即 D 值要较大。进行隔热设计的主要目的在于设法控制围护结构内表面的温度，使其不超过某一规定值，以免向室内和人体辐射大量的热而引起过热。

在保持建筑物室内热环境的稳定时，需考虑到两个材料热物理性能指标：材料的蓄热系数 S 和围护结构的热惰性指标 D 值。热惰性指标 D 值是表征围护结构对温度波衰减快慢程度的无量纲指标，其表达式为：$D=R\times S$，式中 R 为围护结构材料层的热阻，S 为相应材料层的蓄热系数。D 值越大，即该材料层的热稳定性越好。因此，对不稳定性传热一般是采用材料层的热惰性指标 D 值来作为评价围护结构的热工性能的。材料蓄热系数 S［w/(m·k)］是指当某一足够厚度单一材料层一侧受到谐波热作用时，材料表面温度会随谐波热同一周期波动，透过表面的热流波幅与表面温度波幅两者的比值即为蓄热系数 S，其值越大该材料的热稳定性越好。

生态节能的复合墙体集保温节能与结构承重为一体，通过比较呈现出了生态节能复合墙结构相对于传统建筑节能结构的优势。在比较的过程中提出了分层卸荷的方法。研究了复合墙体传热温机理，提出了外墙体的局部冷桥处理和结构整体外保温处理相结合的工艺方法，解决了墙体集承重、节能、保温、围护为一体的技术难题。在新型节能墙体结构体系中使用外墙局部冷桥处理或整体式外保温技术，并结合节能型水、暖、电设计可使住宅建筑达到国家现阶段建筑节能 65％的目标。

3.4.3 密肋复合板外保温冷桥处理

外墙体的保温处理需满足两方面的要求：①保证墙壁内表面不结露；②墙体总传热阻符合建筑节能设计标准的要求。

在复合墙体中，混凝土肋格内填充的是 500 级加气混凝土砌块，其导热系数为 0.14W/(m·k)，200mm 厚加气块墙的传热系数为 0.98W/(m²·k)，已达到西安地区第二阶段节能建筑对墙体的要求。但在复合外墙体中，钢筋混凝土肋格的导热系数为 1.74W/(m·k)，是加气混凝土砌块的 12 倍，面积约占墙体总面积的 22％～30％，无疑钢筋混凝土肋是墙体的热桥，计算分析表明，如不采取措施，冬季将会在墙体内表面出现结露现象。

在实际施工中，课题组结合低碳节能复合结构的构造特点，研究了复合墙体传热、保温机理，提出了外墙体的局部热桥处理措施和外墙体整体外保温处理措施。

1. 外墙体的局部热桥处理措施

试点工程中采用嵌入式热桥外保温处理方案。其构造如图 3-27 所示，在钢筋混凝土肋（热桥部位）嵌入绝热材料，表面钉钢丝网并抹水泥砂浆保护。测试结果表明，外墙体总厚 250mm、保温层 30mm 厚时，即可满足西安地区（采暖Ⅲ区）节能建筑标准要求。

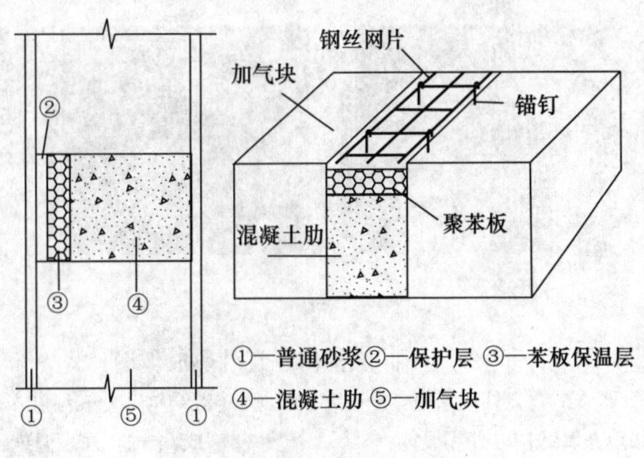

图 3-27　外墙体局部热桥外保温处理

2. 墙体整体外保温处理措施

墙体整体外保温处理如图 3-28 所示。墙体的外保温可以同墙体一起预制；其他现浇外框的外保温可以在结构建成后再处理，注意保证墙体的外保温层厚度和结构其他外保温层厚度相等。

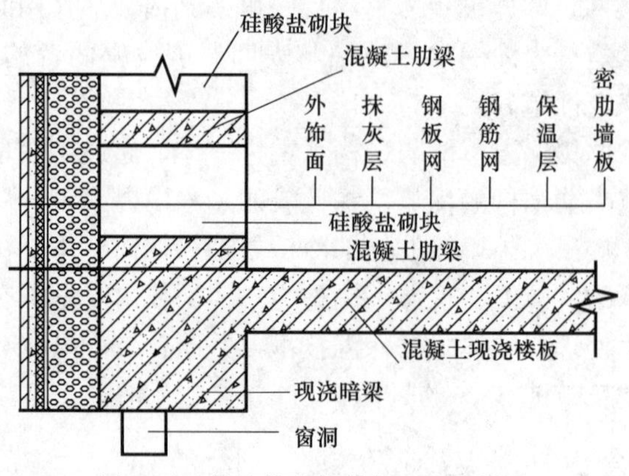

图 3-28 外墙体整体外保温处理措施

3.4.4 密肋复合墙体保温性能检测

随着建筑节能要求的提高，建筑中的窗、墙、屋顶等围护结构的热工性能受到越来越多的关注，现已采取了一系列提高保温性能的设计和技术来改善其性能，其中外墙外保温技术越来越受到重视。外墙外保温技术在西方发达国家已经得到广泛的应用，在我国的大中城市中也开始推广，多来的实际应用表明，外墙外保温是一项有发展潜力的建筑节能技术。在不同气候条件的地区，外墙外保温系统的效果有所不同。通过长期观察内外墙面温度变化，对在寒冷地区应用的外墙外保温墙体的热工性能进行分析。

热工试验表明：200mm 厚外墙总传热阻大于 615mm 厚粘土实心砖墙，优于 490mm 厚空心砖墙，可达到国家第二阶段节能建筑墙体要求的标准。

对于整体式红外测试，通过对已建工程的实际观测及对比，本结构的保温性能明显优于其他结构，表现出了良好的节能效果。现场实测记录如下所示：

不同结构体系红外热成像图（室外温度－1.2℃时测试结果）如图 3-29 所示。

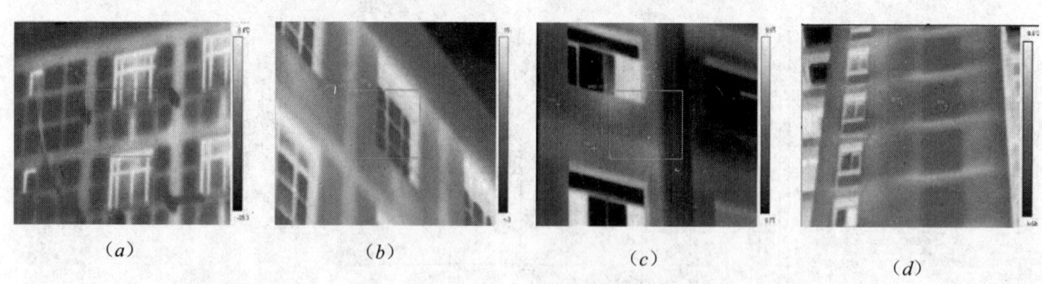

图 3-29 不同结构体系红外热成像图

(a) 复合墙体结构，外表温度：－0.4℃；(b) 砖混结构，外表温度：1.3℃；

(c) 框架填充墙结构，外表温度：3.0℃；(d) 剪力墙结构，外表温度：3.3℃

复合墙体不同保温处理构造效果对比如图 3-30 所示。

以上实测结果表明：高性能混凝土新型复合墙体有良好的保温隔热性能，加之构造简单、施工方便、造价低廉及承重、保温、节能为一体，是一种理想的绿色环保节能墙体，具有广泛的适用性。

（a）　　（b）　　（c）

图 3-30　复合墙体不同保温处理构造效果对比图

（a）复合墙体未进行冷桥处理；（b）复合墙体板肋局部进行冷桥处理；（c）复合墙体进行整体外保温处理

第 4 章　地基基础施工

建筑物的地基与基础和上部结构三部分在荷载作用下彼此联系，相互制约，相互作用。在处理地基基础问题时，应从地基—基础—上部结构相互作用的整体理念考虑，方可收到良好的效果。

密肋复合板结构可应用于多层、中高层及高层结构，其基础形式可采用条形基础、筏板基础、桩基础等，当天然地基承载力不足时，须对地基土进行加固处理。由于地基基础属于地下隐蔽工程，建筑事故的发生大多与地基基础相关，其勘察与设计及施工质量直接关系到建筑物的安危，一旦失事，难以补救。故应对拟建建筑物场地进行详细的岩土工程勘察，充分了解、研究地基土的成因、构造、物理力学性质、地下水的分布以及可能影响场地稳定性的不良地质现象等，对场地工程地质条件作出分析与评价。

建筑物的建造会导致地基中原有应力状态发生变化，引起地基的强度失稳和变形（沉降）。因此，在地基与基础设计时必须满足两个基本条件：一是要求作用于地基的荷载不超过地基的承载能力，保证地基具有足够的安全储备；二是控制基础沉降使之不超过地基的容许变形值，保证建筑物不因地基变形而损坏或影响其正常使用。设计时应选用符合使用要求的上部结构方案，据场地的工程地质与水文地质条件，进行评析、采取措施，以满足地基基础设计要求，制定经济合理、技术可行的基础结构方案。

在土木工程施工过程中的土石方工程包括：场地平整与建筑物及其地下工程的开挖与回填等。

4.1　常用基础类型

地基基础设计与方案选择应据建筑物的用途和安全等级、建筑布置和上部结构类型，充分考虑建筑场地和地基岩土条件，结合施工条件以及工期、造价等方面要求，合理选择地基基础方案，因地制宜、精心设计，以保证建筑物的安全和正常使用。对于基础埋置深度的选择应考虑的因素包括：与建筑物有关的条件、工程地质条件、水文地质条件、地基冻融条件、场地环境条件等。

地基基础的设计计算主要包括：地基承载力确定、基础底面尺寸的确定、地基的变形验算以及地基稳定性验算。

4.1.1　浅基础

多层密肋复合板结构宜选用浅基础，常用的基础类型有：

1. 无筋扩展基础（刚性基础）

无筋扩展基础通常由砖、石、素混凝土、灰土和三合土等材料组成。这些材料均具有较好的抗压性能，但抗拉、抗剪强度却不高。因此，设计时必须保证基础内的拉应力和剪应力不超过材料强度的设计值。通过对基础构造的限制来实现这一目标，即基础的外伸宽度与基础高度的比值（称为无筋扩展基础台阶宽高比）小于基础的台阶宽高比的允许值

（图 4-1）。对于无筋扩展基础的构造与设计，按《建筑地基基础设计规范》（GB 50007）执行。无筋扩展基础的相对高度都比较大，几乎不发生挠曲变形，此类基础常称为刚性基础（或刚性扩展基础），其高度应满足式：

$$H_0 \geqslant \frac{b-b_0}{2\tan\alpha} \tag{4-1}$$

式中　b——基础底面宽度（m）；

b_0——基础地面的墙体宽度或柱脚宽度（m）；

H_0——基础高度（m）；

$\tan\alpha$——基础台阶宽高比；

b_2——基础台阶宽度（m）。

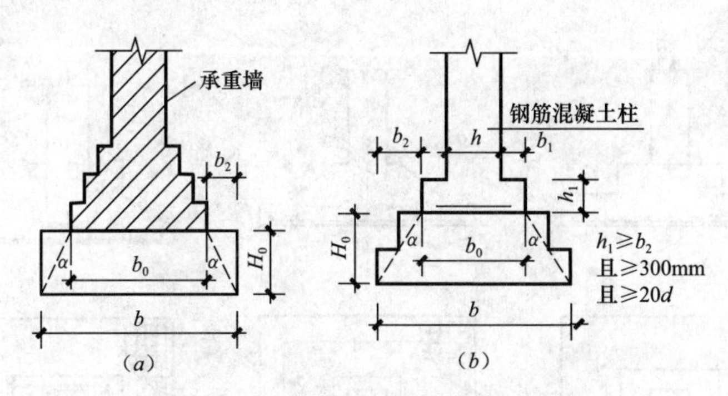

图 4-1　无筋扩展基础构造示意图

无筋扩展基础因材料特性不同而有不同的适用性。用砖、石及素混凝土砌筑的基础一般用于 6 层及 6 层以下的民用建筑和砌体承重的厂房以及多层密肋复合板结构。在比较干燥的地区，灰土基础广泛用于 5 层及 5 层以下的民用房屋。在较为潮湿的地区可采用三合土及四合土（水泥、石灰、砂、骨料）。

2. 钢筋混凝土基础（柔性基础）

由钢筋混凝土材料建造的基础具有较强的抗弯、抗剪能力，适用于荷载大且有力矩荷载或地下水位以下等情况，常做成扩展基础、条形基础、筏形基础，箱形基础等形式。由于钢筋混凝土基础有很好的抗弯能力，因此也称为柔性基础。这种基础能发挥钢筋的抗拉性能及混凝土的抗压性能，适用范围广。

根据上部结构特点，荷载大小和场地地质条件，钢筋混凝土基础有如下结构形式：

（1）扩展基础

普通密肋复合板结构一般采用条形基础，框支密肋复合板结构一般采用混凝土柱下独立基础。扩展基础的抗弯和抗剪性能良好，可在竖向荷载较大、地基承载力不高以及承受水平力和力矩荷载等情况下使用。这类基础的高度不受台阶宽高比的限制，适宜需要“宽基浅埋”的情况下采用。扩展条形基础的构造如图 4-2 所示。若地基土不均匀，为增强基础的整体性和抗弯能力，可采用有肋的墙下条形基础（图 4-2b），肋部配置足够的纵向钢筋和箍筋。为避免地基土变形对墙体的影响，或当建筑物较轻，作用在墙上的荷载不大，基础又需要做在较深的持力层上时，可采用墙下独立基础，将墙体砌筑在基础梁上，如图 4-3 所示。柱下独立基础的构造如图 4-4 所示，其中（a）（b）是现浇柱基础，（c）是预制柱基础。对于扩展基础的设计，按照《建筑地基基础设计规范》（GB 50007）执行。

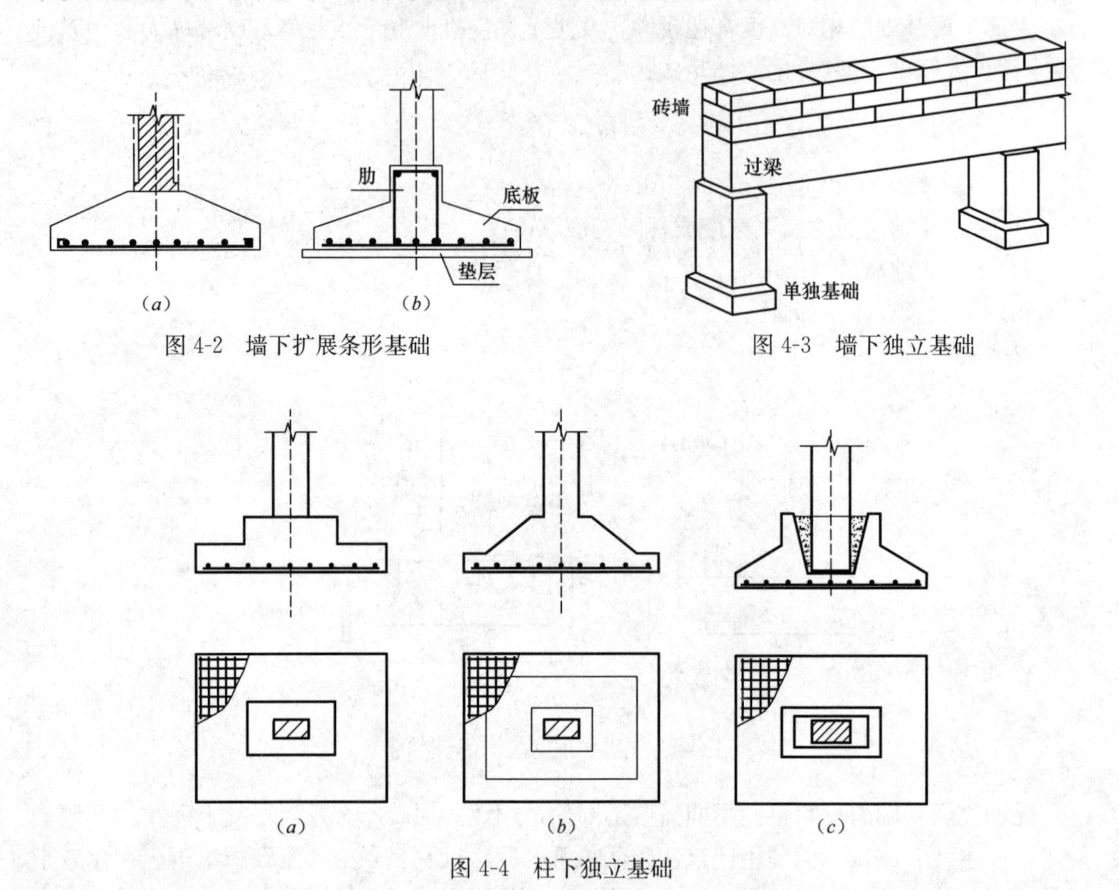

图 4-2　墙下扩展条形基础

图 4-3　墙下独立基础

图 4-4　柱下独立基础

（2）柱下条形基础及十字交叉基础

当柱子的荷载较大而土层的承载力较低时，若采用柱下独立基础，基底面积亦较大，在这种情况下，可采用柱下单向条形基础（图 4-5）。如果单向条形基础的底面积已能满足地基承载力要求，则需减少基础之间的沉降差，可在另一方向加设联梁，形成联梁式条形基础。

若柱网下的地基软弱，土的压缩性或柱荷载的分布沿两个柱列方向极不均匀，一方面需要进一步扩大基础底面积，另一方面又要求基础具有较大的整体刚度以调整不均匀沉降，可沿纵横柱列设置条形基础而形成十字交叉条形基础，如图 4-6。十字交叉条形基础具有较大的整体刚度，在多层厂房、荷载较大的多层及高层建筑中常被采用。

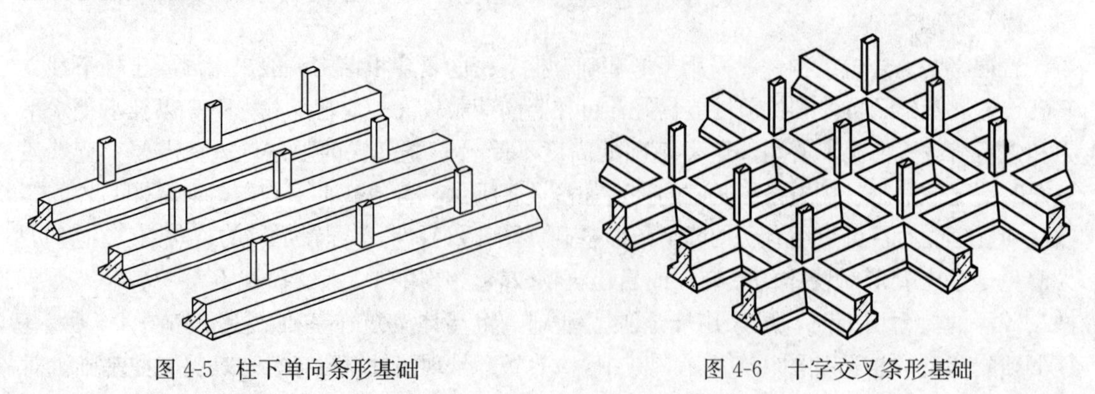
图 4-5　柱下单向条形基础

图 4-6　十字交叉条形基础

(3) 筏形基础

当柱子或墙传来的荷载大，地基土较软弱，地下防渗需要时，需把整个房屋（或地下室）底面做成一片连续的钢筋混凝土板作为基础，即筏板基础（图 4-7 示为墙下筏基）。

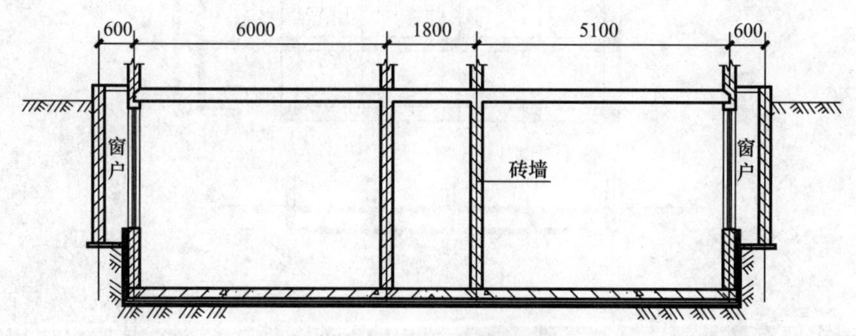

图 4-7　墙下筏形基础

对于柱下筏形基础常有如下两种形式：平板式和梁板式，如图 4-8 所示。平板式筏形基础是在地基上做一块钢筋混凝土底板，柱子通过柱脚支承在底板上或柱脚尺寸局部放大，如图 4-8（*a*）和（*b*）。梁板式基础分为下梁板式和上梁板式，如图 4-8（*c*）、（*d*），下梁板式基础底板顶面平整，可作建筑物底层地面。

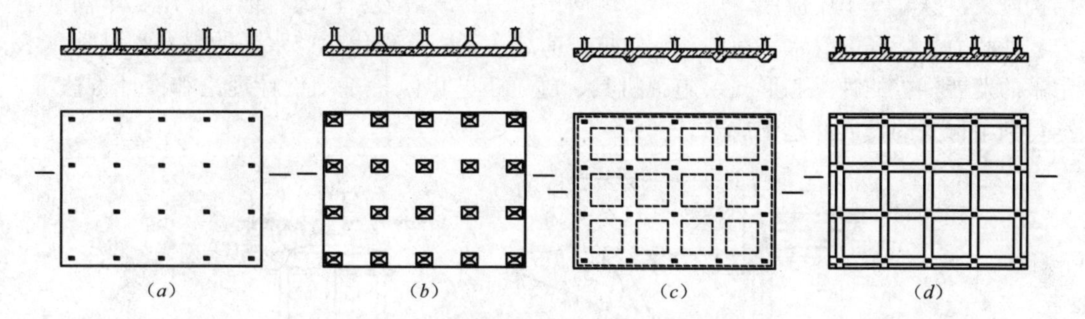

图 4-8　柱下筏形基础

筏形基础，特别是梁板式筏形基础整体刚度较大，能很好地调整不均匀沉降。对于有地下室的房屋、高层建筑或本身需要可靠防渗底板的贮液结构物（如水池、油库）等，是首选的基础形式。

(4) 箱形基础

箱形基础是由钢筋混凝土顶板，底板，纵横隔墙构成的，具有一定高度的整体性结构，如图 4-9。箱形基础具有较大的基础底面，较深的埋置深度和中空的结构形式，使开挖卸去的土补偿了上部结构传来的部分荷载在地基中引起的附加应力（补偿效应），与一般实体基础（扩展基础和柱下条形基础）相比，它能显著减小基础沉降量。箱基的抗震性能较好。其形成的地下室可以提供多种使用功能，而且冷藏库和高温炉体下的箱基具有隔断热传导的作用，可防地基土的冻胀和干缩；高层建筑的箱基可作为商店、库房、设备层和人防之用。

4.1.2　深基础

当上部软弱土层较厚时，高层密肋复合板结构可采用深基础形式，利用下部坚实地基土层或岩层作为持力层。

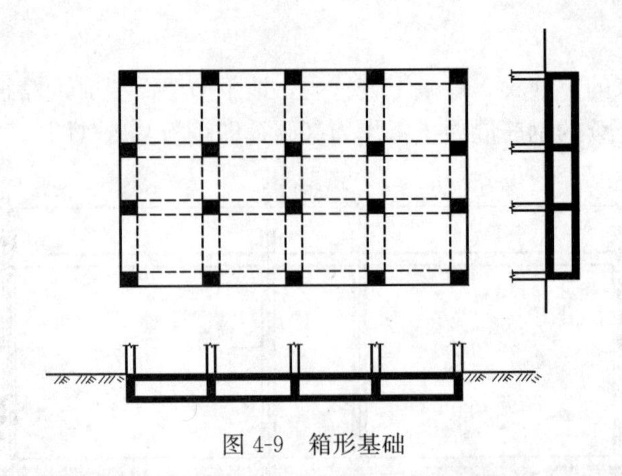

图 4-9　箱形基础

深基础主要有桩基础、沉井基础、墩基础和地下连续墙等类型，其中以历史悠久的桩基础应用最为广泛。桩基础是通过承台把若干根桩的顶部联结成整体，共同承受动静荷载的一种深基础（如图 4-10）。桩基础具有承载力高、稳定性好、沉降稳定快和沉降变形小、抗震能力强，以及能适应各种复杂地质条件等特点。桩基础除主要用来承受竖向抗压荷载外，还在桥梁工程、港口工程、近海采油平台、高耸和高重建筑物、支挡结构、抗震工程结构以及特殊地基土中应用，用于承受侧向土压力、波浪力、风力、地震作用、车辆制动力、冻胀力、膨胀力等水平荷载和竖向抗拔荷载等。随着现代生产水平的提高和科学技术水平的发展，桩的种类和形式、施工机具、施工工艺以及桩基础设计理论和设计方法等，均得到了很大的发展并趋于成熟。

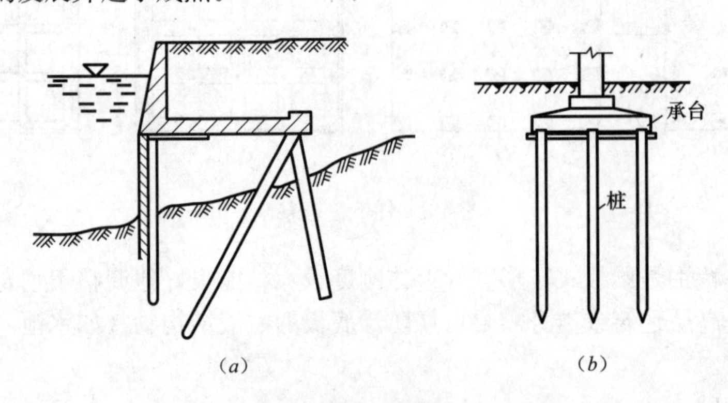

图 4-10　桩基础

(a) 高承台桩基；(b) 低承台桩基

通常对下列情况，可考虑选用桩基础方案：

(1) 软弱地基或某些特殊性土上的各类永久性建筑物；

(2) 对于高重建筑物，如高层建筑、重型工业厂房和仓库、料仓等；

(3) 对桥梁、码头、烟囱、输电塔等构筑物，宜采用桩基以承受较大的水平力和上拔力时；

(4) 对精密或大型的设备基础，需要减小基础振幅、减弱基础振动对结构的影响时；

(5) 建筑物下存在液化土、湿陷性黄土、季节性冻土、膨胀土等时，采用桩基础将荷载传递到深部密实土层；

（6）水上基础，施工水位较高或河床冲刷较大，采用浅基础施工困难或不能保证基础安全。

对于密肋复合板结构体系，其基础类型的采用，应结合不同建筑物的设计要求与拟建场地条件等进行技术与经济的比较，综合考虑而选用。基础工程的设计、施工与管理按国家现行规范与标准要求执行。

4.2 土方工程

密肋复合板结构节能建筑土方工程同传统结构建筑类同，包括土（或石）的挖掘、填筑和运输等主要施工过程，以及排水、降水和土壁支撑等准备和辅助过程。常见的土方工程有场地平整、基坑（槽）开挖、地坪填土、路基填筑及基坑回填等。

土方工程施工的特点在于工程量大，施工条件复杂。因此，合理地选择施工方案，对缩短工期，降低工程成本具有重要意义。由于土方工程多为露天作业，施工受地区的气候条件影响，而土体多为天然生成的第四纪松散沉积物或人工填土，种类多，施工受工程地质和水文地质等条件控制影响很大，因此，施工前必须根据工程的条件，制定合理施工方案。

在土方工程中，根据土的开挖难易即软硬程度，将土分为一般土：松软土、普通土、坚土、砂砾坚土；岩石类分为：软石、次坚石、坚石、特坚石等类别。

4.2.1 场地平整与基槽（坑）土方施工

1. 场地平整施工

（1）场地平整

场地平整，是指在建筑场地上进行挖填，使其平整为符合设计要求的平整场面。土方工程施工面积大、工程量大，一般宜采用机械化或半机械化的施工方法。

场地平整施工先要掌握场地设计标高并计算土方量。初步计算场地设计标高，一般按挖填方平衡的原则进行（即场地平整时总的挖土量等于回填土量）。在场区的地形图上进行估算，若无地形图，可在现场进行方格网测量，网格的大小，由地势变化情况确定，求出各方格角点的地面标高。若图是按地形图绘的方格网，则按等高线求方格网角点地面标高。

初步设计的场地标高进行调整时须考虑的因素有：土的可挖性；全场各工程填挖用土；由于边坡填挖土方量不等，而影响设计标高的增减；进行经济比较，将部分挖方就近弃土于场外（或将部分填方就近取土于场外）；影响挖填方土方量的变化，需考虑增减设计标高。场地平整土方量通常是按方格网法进行计算。

（2）场地平整施工

1）施工准备工作

场地平整施工，首先要作好一系列准备工作。准备工作的主要内容有：场地清理；地面排水；修筑临时道路，供机械进场和土方运输用，同时做好供电线路及暂设建筑物。

2）场地平整的施工方法：

场地平整施工过程一般包括：土方开挖、运输、填筑与压实等。施工方法，有人工、机械和爆破等。

大面积场地平整，宜采用推土机、铲运机和单斗挖土机等大型机械施工。

推土机的特点是：操纵灵活，运转方便，所需工作面较小，行驶速度快，易于转移。

运距在100m以内的平土或移挖作填，宜采用推土机，尤其是当运距在30～60m之间，最为有效。

推土机的生产效率主要决定于推移土体积和切土、推土回程等。

铲运机的生产效率主要取决于装土容量和铲土、运土、卸土、回程的工作循环时间。铲运车常用的开行路线为环形和8字型。

由于挖填区的分布不同，应根据具体情况选择开行路线，铲运机开行路线种类见图4-11示。

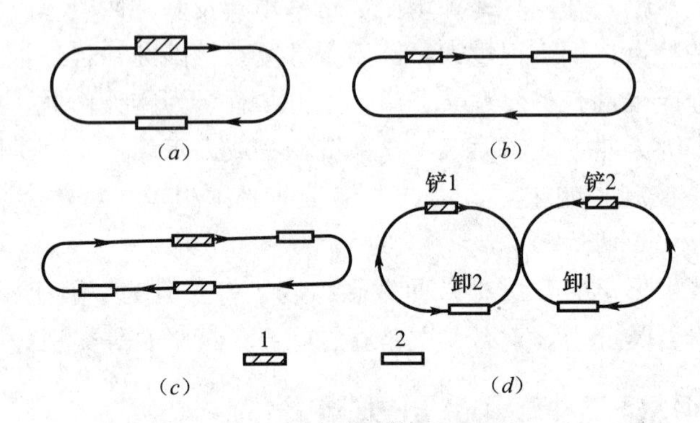

图4-11　铲运机开行路线

(a)、(b) 环形路线；(c) 大环形路线；(d) 8字形路线

1—铲土；2—卸土

① 环形路线：简单而常用。据铲土和卸土的相对位置不同，分为图4-11*a*与图4-11*b*所示的两种情况，每次循环只完成一次铲土和卸土。

② 8字形路线：这种开行路线挖填交替而挖填之间的距离又较短时，可采用大循环路线铲土和卸土，轮流在两个工作面上进行（图4-11*c*与图4-11*d*）。

（3）填土与压实

1）土料选择与填筑方法

为了保证填土的强度和稳定性，必须正确选择土料与填筑方法。含水量大的粘性土、含有大量有机质的土、具有侵蚀性土与特殊土不可用作填土。

填土应分层进行，每层厚度，根据所采用的压实机具及土的种类选定。

同一填方工程应尽量采用同类土填筑；若采用不同类土填筑时，必须按土类分层铺填，并将透水性大的土层置于透水性小的土层之下。

当填方位于倾斜的地面时，先将斜坡挖成阶梯状，然后分层填土，防止土层的滑动。

2）填土压实方法

填土压实有碾压、夯实、动力压实及利用运土工具压实等方法。大面积的填土工程，一般采用碾压和利用运土工具压实。小范围的填土宜用夯实工具压实。

碾压机一般有平碾和羊足碾，平碾适用砂类土和粘性土压实，羊足碾适用粘性土压实。压实机械有夯锤、夯土机和打夯机、人工用的夯土工具有木夯、石夯等。利用铲运机，推土机进行压实是比较经济的方法，须合理组织施工，使其压实均匀。

3）填土压实的影响因素

填土压实质量的主要指标是土的压实系数。影响填土压实质量主要因素有：土的含水量、压实功能、压实质量及土的性质。

① 土的含水量

土的含水量对填土压实有很大影响。对于土的压实机理，普洛特（Proctor）认为：含水量较小时，土颗粒表面的结合水膜很薄（主要是强结合水）颗粒间很大的分子力阻碍着土的压实；当土的含水量增大时，结合水膜增厚，粒面联结力减弱，水起着润滑作用，使土粒易于移动，而形成最优的密室排列，压实效果较好；当土的含水量继续增大，以致土中出现了自由水，压实时，孔隙水不易排出，形成较大的孔隙水压力，势必阻止土粒的靠拢，所以压实效果反而下降。因此在一定压实机械的能量下，土最易被压实，并能达到最大密度时含水量，称为土的最优含水量 w_{op}，相应的干密度称为最大干密度 $\rho_{d\max}$，其由室内击实试验测定。

为了保证填土在压实时具有最优含水量，若土含水量过高时，可采用翻松，晾晒，均匀掺入干土等措施；若含水量偏低，可采用预先洒水润湿，增加压实遍数或使用大功能压实机械等措施。

② 压实功能

夯击的压实功能与夯锤的重量、落高、夯击次数以及被夯击土的厚度等有关；碾压的压实功能则与碾压机具的重量、接触面积、碾压遍数以及土层厚度等有关。在压实过程中，铺土厚度超过一定值以后，反复碾压，仍难以压实。填土每层厚度要按土的性质、压实的密实度，采用的压实机性能来确定。

③ 压实条件

压实条件指压实时被压实土层的特点，所用机械的功能和性能，压实方法和方式等。填土压实度与压实遍数有关，对不同类型的土，以及压实后的密实度要求的不同。土颗粒的矿物成分、级配、添加料等对压实效果也有影响，因此，各类压实机械的压实遍数也不同。填土的压实效果应根据土质、压实系数和压实机具性能等进行现场试验确定。

2. 定位与放线

基槽（坑）土方开挖前，先作好建筑物的定位放线工作，根据建筑总平面图、房屋建筑平面图和其基础平面图，将拟建房屋的平面位置和竖向位置在地面上确定后再进行放线，根据定位、控制、用石灰划出基础开挖的边线。

现场定位是根据设计部门设计、城市规划部门批准的建筑物位置图进行。其位置的表示用大地坐标 x，y 数值定位，一般工程大多用原有建筑物，道路中心线相对位置表示。通常用全站仪、经纬仪和钢尺定位，一些次要建筑物也可用直角坐标法定位。

基础放线时，应根据基础设计尺寸和埋置深度，土层类别及地下水位情况，确定开挖时是否放坡，是否加支撑及留工作面，从而定出基槽（坑）开挖的上口尺寸。实际工作中常遇以下几种情况：

1）不放坡也不加挡土支撑

当土质较均匀且地下水位低于基底，挖土深度不超过表 4-1 的规定时，可不放坡，不加支撑。此时基础底边尺寸即是所放灰线尺寸（图 4-12）。但是，在施工过程中应经常检查槽（坑）壁的稳定情况。

不放坡挖土深度表 **表 4-1**

土质名称	挖土深度（m）
砂类土和碎石类土	1
粉土及粉质粘土	1.25
粘性土	1.5
坚硬的粘土	2

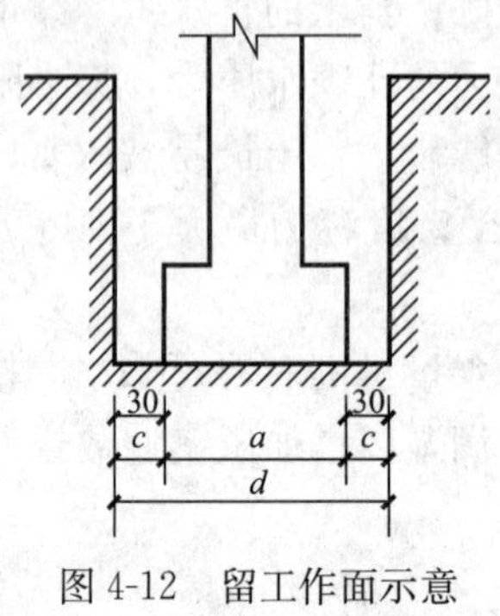

图 4-12　留工作面示意

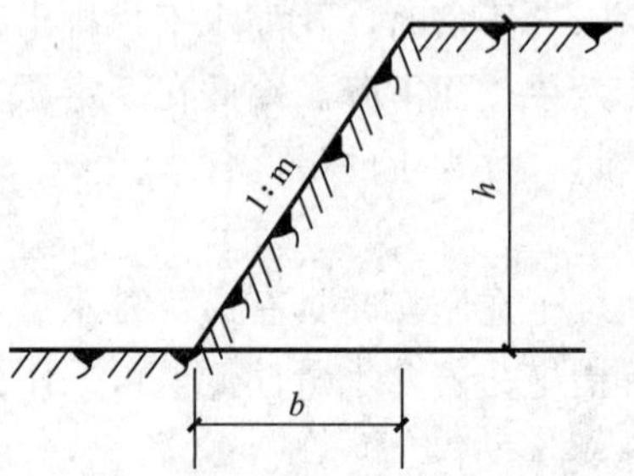

图 4-13　土方边坡

2）不放坡、留工作面

基础为条形基础时，通常每边留出 10cm 工作面，浇筑混凝土基础，支模板时，每边留出 30cm 工作面，这样基槽（坑）放灰线的尺寸为基础底宽加上两边的工作面宽。即

$$b = a + 2c \tag{4-2}$$

式中　b——基础放灰线宽；

a——基础底宽；

c——工作面宽。

3）留工作面并加支撑

当基础埋置深且不能放坡时，可设置支撑。此时放灰线还要考虑支撑所需尺寸。柱基基坑放灰线尺寸为：

$$长边\ B = a + 2c + 2 \times 10 \tag{4-3}$$

$$短边\ B' = b + 2c + 2 \times 10 \tag{4-4}$$

式中　b——基础底宽（短边）。

4）放坡

当基槽深度超过表 4-1 规定时需放坡（图 4-13），此时基槽上口灰线宽度为放坡后的宽度，即：

$$长边\ B' = a + 2c + 2B \tag{4-5}$$

$$短边\ b' = b + 2c' + 2d \tag{4-6}$$

式中　d——放坡宽度。其他符号同上。

3. 基槽（坑）土方量计算

(1) 边坡坡度

边坡坡度是挖土深度 h 与边坡底宽 b 之比（图 4-14）。工程中常以 1∶m 表示放坡，m 称

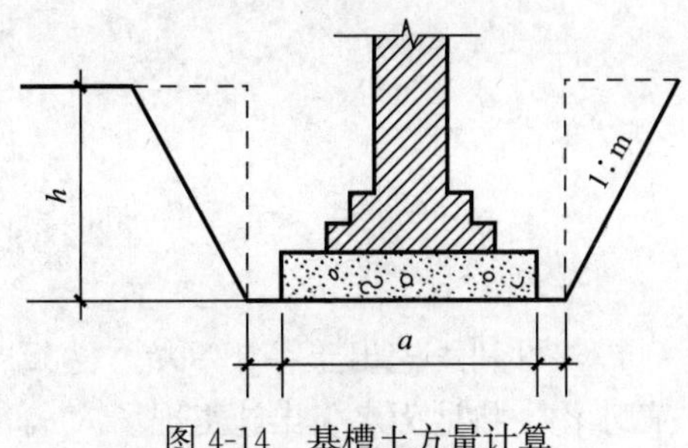

图 4-14　基槽土方量计算

坡度系数。

$$边坡系数=\frac{h}{b}=\frac{1}{\frac{b}{h}}=1:m \tag{4-7}$$

（2）基槽土方量计算

如图 4-14 所示的基槽，若考虑留工作面，其土方体积计算方法如下：

当基槽不放坡时：

$$v=h(a+2c)\cdot L \tag{4-8}$$

当基槽放坡时：

$$v=h(a+2c+mh)\cdot L \tag{4-9}$$

式中　v——基槽土方量（m^3）；

h——基槽开挖深度（m）；

a——基础底宽（m）；

c——工作面宽（m）；

m——坡度系数；

L——基槽长度（外墙按中心线，内墙按净长计算）。

如果基槽长度方向，断面变化较大，则可分段计算，然后将各段土方量相加即得总土方量，即：

$$v=v_1+v_2+v_3+\cdots\cdots+v_n \tag{4-10}$$

（3）基坑土方量计算

图 4-15 所示的基坑，若考虑工作面，其土方体积计算方法计算如下：

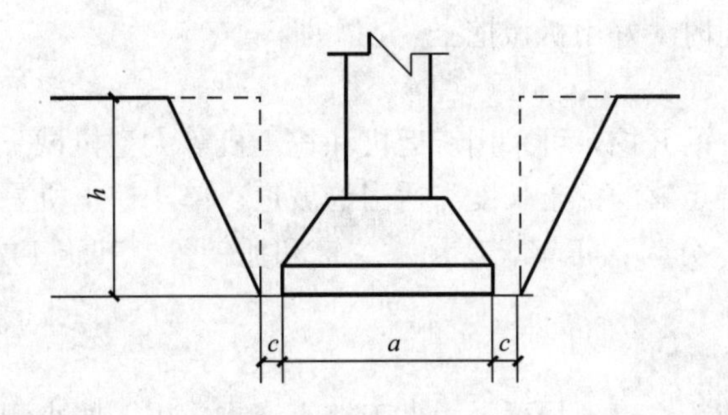

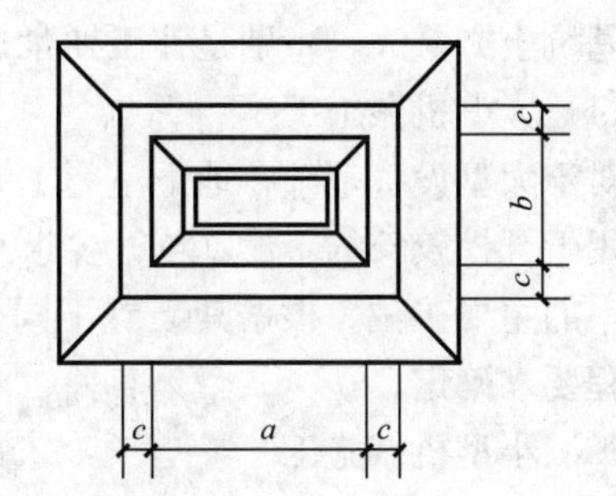

图 4-15　基坑土方量计算

当基坑不放坡时：

$$v=h(a+2c)(b+2c) \tag{4-11}$$

当基坑放坡时：

$$v=h(a+2c+mh)\cdot(b+2c+mh)+\frac{1}{3}m^2h^3 \tag{4-12}$$

式中　v——基坑土方量（m^3）；

h——基坑开挖深度（m）；

a——基坑长边边长（m）；

b——基坑短边边长（m）。

其他符号同前。

4. 基槽（坑）土方开挖

（1）基槽排水

在雨季进行土方开挖时，为防止地面水流入基槽（坑），可利用挖出土在槽（坑）边筑成土埂，并根据现场地形，在施工现场挖临时排水沟或截水沟，将地面水引出施工现场。

为防止雨水进基槽，或渗入少量地下水的浸泡，通常采用集水井法，排除槽内的水。对于地下水位高于基坑开挖的工程，应分析论证降水方案，采取井点降水，并对场地周围已有的相邻建筑及周边设施进行监测与保护。

（2）支撑

在基槽（坑）开挖时，若受周围条件限制时不能放坡，可采用支撑的办法，保证施工安全。常用的支撑方法有主要有：断续式水平支撑；连续式水平支撑；垂直支撑；打板桩。

（3）基槽（坑）开挖中的深度控制

在地面上放线后，可进行基槽的开挖。当挖制到距基底 30～50cm 深时，应及时用水准仪抄平，打开水平桩，作为挖槽（坑）深度的依据。

（4）基槽（坑）的开挖

开挖中注意事项应按设计图纸校核是否符合要求。开挖应连续进行，尽快完成并防止地面水流入基槽（坑）。开挖时土方堆置地点与堆置高度，应据场地条件有一定的距离与限高，以免影响土方开挖或塌方。基槽（坑）开挖时，严禁扰动基底土层，要及时测量防止超挖。挖土过程中及雨后复工，应随时检查土壁稳定和支撑的牢固性，发现问题，及时处理。

5. 土方机械化施工

基坑土方量大，特别是在工期紧迫时最好用机械挖土。

（1）大型机械施工

对于大型设备基础，地下室等土方的开挖，可采用铲运机和挖土机等大型机械。铲运机适用于开挖较长的干燥基坑，要求有足够的铲土长度和适当的坡道；单斗挖土机是土方开挖中的主要机械，根据其装置不同，分为：正铲、反铲、拉铲和抓铲等，其施工方式，依工程要求确定。

（2）小型机械施工

对于采用条形基础与独立基础，一般民建工程可采用人工挖土，或采用一些小型土方机械开挖，如小型轮胎式液压挖土机，小型步履式液压挖土机等。

4.2.2 地基处理

拟建建筑物地基土压缩层存在软弱地基和特殊土地基时，须进行地基处理，以满足密肋复合墙结构的设计要求。

1. 软弱土地基

软弱土地基（Soft Foundation）主要有淤泥、淤泥质土、冲填土、杂填土或其他高压缩性土层构成的地基。

（1）软土

淤泥及淤泥质土均为软（粘）土（Soft Soil）。淤泥（muck）是指在静水或缓慢流水环境沉积，经生物化学作用形成，天然含水量大于液限、天然孔隙比大于1.5的粘性土；而当天然孔隙比大于1.0而小于1.5时为淤泥质土（Mucky Soil）。软土广泛分布在我国东南沿海、内陆平原和山区，如天津、上海、杭州、宁波、温州、福州、厦门和广州等沿海地区，以及昆明和武汉等内陆地区。

软土的特性：天然含水量高、天然孔隙比大、抗剪强度低、压缩系数高、渗透系数小。在外荷载作用下地基承载力低、地基变形大、不均匀性强且变形稳定历时较长，在比较深厚的软土层上，结构物基础的沉降一般持续数年乃至数十年之久。

（2）冲填土

在整治和疏通江河航道时，用挖泥船通过泥浆泵将泥砂大量吹到江河两岸而形成的沉积土，称为冲填土（Hydraulic Fill），或吹填土。

在我国长江、上海黄浦江、广州珠江两岸与天津沿海地区分布着不同性质的冲填土。冲填土的成分是比较复杂的，以粘性土为主，因土中含有大量水分且难于排出，土体在形成初期处于流动状态，因而这类土属于强度较低和压缩性较高的欠固结土。冲填土的工程性质主要取决于其颗粒组成、均匀性和排水固结条件等。

（3）杂填土

杂填土（Miscellaneous Fill）是由人类活动而任意堆填的建筑垃圾、工业废料和生活垃圾等。

杂填土的成因与组成的物质杂乱，分布极不均匀，结构松散。其主要特性是强度低、压缩性高和均匀性差，一般还具有浸水湿陷性。即使在同一建筑场地的不同位置，地基承载力和压缩性差异较大。对有机质含量较多的生活垃圾和对基础有侵蚀性的工业废料等杂填土，未经处理不宜作为地基的持力层。

（4）其他高压缩性土

饱和松散粉细砂（包括部分粉土）亦属于软弱地基范畴。在动力荷载（机械振动、地震等）重复作用下将产生液化；基坑开挖时也会产生管涌。

2. 特殊土地基

由于地理环境、气候条件、地质原因，历史变迁、物质成分的不同与次生变化等原因，具有特殊土工程性质的土类称特殊土，工程上常见的特殊土地基主要有湿陷性黄土、膨胀土、红粘土、冻土等。

（1）湿陷性黄土

天然黄土在上覆土的自重应力作用下，或在上覆土自重应力和附加应力共同作用下，受水浸湿后土的结构迅速破坏而发生显著附加下沉的黄土，称为湿陷性黄土（Collapsible Loess）。

我国湿陷性黄土广泛分布于甘肃、陕西、黑龙江、吉林、辽宁、内蒙古、山东、河北、河南、山西、宁夏、青海和新疆等地。由于黄土的浸水湿陷性，会引起结构物的不均匀沉降，而发生工程事故。设计时须先判断是否具有湿陷性及湿陷类型与等级，再考虑如何进行地基处理。

（2）膨胀土

膨胀土（Expansive Soil）是指粘粒成分主要由亲水性粘土矿物组成的粘性土，它是一种吸水膨胀和失水收缩、具有较大的胀缩变形性能的高塑性粘土。

我国膨胀土主要分布于广西、云南、湖北、河南、安徽、四川、河北、山东、陕西、江苏、贵州和广东等省。

(3) 红粘土

石灰岩和白云岩等碳酸盐类岩石在亚热带温湿气候条件下，经风化作用所形成的褐红色粘性土，称为红粘土（Red Clay）。

通常红粘土是较好的地基土，但由于下卧岩面起伏及存在软弱土层，一般容易引起地基的不均匀变形。

(4) 冻土

凡具有负温或零温，其中含有冰的各种土都称为冻土（Frozen Soil）；而冬季冻结，春季融化的土层，称为季节性冻土（Seasonally Frozen Ground）。对冻结状态持续二年或二年以上的土层，则称为多年冻土或永冻土（Permafrost）。

季节性冻土在我国主要分布于东北、华北和西北地区，具有冻胀与融陷性，对地基稳定性影响较大。

(5) 岩溶和土洞

岩溶（喀斯特 Karst）主要出现在碳酸类岩石地区。其基本特性是地基主要受力层范围内受水的化学和机械作用而形成溶洞、溶沟、溶槽、落水洞以及土洞等。

我国岩溶地基广泛分布于贵州和广西等地。岩溶是以溶蚀为主，由潜蚀和机械塌陷作用而造成的。溶洞的大小不一，且沿水平方向延伸，有的溶洞已经干涸或被泥砂充填，有的存在经常性流水。

土洞存在于溶沟发育，地下水在基岩上下频繁活动的岩溶地区，有的土洞已停止发育；有的在地下水丰富地区还可能进一步发展，大量抽取地下水会加速土洞的发育，严重时可引起地面大量塌陷。

建造在岩溶地基上的结构，要慎重考虑可能会造成地面变形和地基陷落。山区地基地质条件比较复杂，主要表现在地基的不均匀性和场地的稳定性方面，基岩表面起伏大，且可能存在大块孤石；也常会遇到滑坡、崩塌和泥石流等不良地质现象。

另外，特殊土还有混合土、盐渍土、风化岩残积土、污染土、有机质土、和泥炭土等。作为建筑物的地基，应查明其结构、成分、性质、组成、均匀性及其腐蚀性等，并对其进行改良。

在工程结构建造前，通过岩土工程勘察，调查建筑物场地的地形地貌，查明地质条件：包括岩土的性质、成因类型、地质年代、厚度和分布范围。对地基中是否存在明浜、暗浜、故河道、废井、古墓、洞穴等要了解清楚。对于岩层，还应查明风化程度及地层的接触关系，调查天然地层的地质构造，查明水文地质及工程地质条件，确定有无不良地质现象：如滑坡、崩塌、岩溶、土洞、冲沟、泥石流、岸边冲刷及地震等。测定地基土的物理力学性质指标，包括：天然重度、相对密度、颗粒分析、塑性指数、渗透系数、压缩系数、压缩模量、抗剪强度等。按照工程要求，对场地的稳定性和适宜性，地层的均匀性、承载力和变形特性等进行分析评价。

根据工程要求并对地基进行处理时，在初步确定地基处理方案后，可依需要进行现场试验或进行补充调查，根据试验成果进行施工设计。施工过程中通过监测、检验以及分析研究，如因工程需要及场地岩土条件发生变化时，可对设计方案进行修改、调整、补充与完善。

4.2.3 地基处理方法与方案选择

地基处理方法及适用条件如表 4-2 所示。

常用地基处理方法的分类及各种方法的适用范围 **表 4-2**

编号	分类及处理原理		处理方法	处理特点	适用范围
1	排水固结法	渗透性低的软土，通过荷载的预压作用，将孔隙中的一部分水慢慢挤出，土的孔隙比减小，以达到强度增长或消除一部分变形的目的	堆载预压法 砂井堆载顶压法 真空预压法 降水预压法 电渗降水法	在天然地基上堆荷载 在砂井地基上堆荷载 利用真空作为预压荷载降低地下水位，增加有效自重应力 利用电渗降水或疏干土体	饱和软土
2	密实法	通过振动，挤压等方法，使地基土孔隙比减小，提高土体强度减少地基的沉降	表层压实法 重重锤夯实法 强夯法	利用不同重量的锤和夯击能量，将土体夯实	非饱和疏松粘性土，湿陷性黄土，松散砂土，杂填土等
			振冲挤密法 土桩或灰土桩挤密法 砂桩挤密法 石灰桩挤密法 爆扩法	在土体中采用竖向扩孔，从横向将土体挤密	
3	换填法	用砂、碎石、灰土等材料，置换软弱地基中部分土体，起到应力扩散，调节变形作用	垫层法 褥垫法 开挖置换法 振冲置换法	表面土层换土 岩土交界处过渡 深层换土	浅层软弱土层，可处理厚度较大的软弱土层
4	胶结法	利用气压，液压或电化学原理把某些能固化的液体注入土层或岩石裂隙，以改良土体或降低渗透性。或在软土中掺入水泥，石灰等与土搅拌后胶结成强度较高的复合土体形成复合地基，改变持力层的强度和模量	压密注浆 劈裂注浆 高压喷射注浆 化学灌浆（注入水玻璃，碱液等）深层搅拌法（湿法） 粉喷搅拌法（干法）	注入浓浆压密土体 在形成裂隙的土体中注入浆液 利用高气压水压，使土与水泥浆充分混合 利用化学浆液在土体中发生化学反应生成充填物或胶结土颗粒	粘性土，砂性土 湿陷性黄土 软弱土层
5	加筋法	通过在土体中设置土工合成材料或金属带片等拉筋，受力杆件，以达到提高地基承载力和稳定性	加筋土 土工合成材料 锚固技术 树根桩	利用筋土之间的摩擦力稳定土体； 利用锚固力稳定土体； 设置竖直或斜向小直径灌桩	稳定边坡，人工路堤挡土结构等稳定边坡和加固地基
6	冷热处理法	利用冻结或烧结法加固土体	冷冻 高温焙烧		适用于水下适用于湿陷性黄土
7	托换法	采用支托的办法，转移原有建筑物荷载，然后对地基进行加固	基础加宽 墩式托换法 桩式托换法 地基加固法 综合托换	结合结构特点，综合考虑是一种事后处理技术	根据建筑物及地基基础的情况选择应用
8	纠偏	调整地面的不均匀沉降，达到纠偏目的	加载纠偏法 掏土纠偏法 顶升纠偏法 综合纠偏法	通过调整地面荷载、掏取土体、顶升等方法，达到纠偏的地基处理技术	

各种地基处理方法均有其适用性与局限性，场地的工程地质条件千变万化，各类工程对地基的要求也不同。由于施工机具、施工条件、材料供应的差别，在选择地基处理方法时，应进行具体分析，考虑上部结构、基础和地基的各类因素的要求、工期、费用、材料供应、机具来源、环境保护等多方面进行综合考虑，以确定技术可靠、施工可行、经济安全的施工方法。

(1) 从上部结构考虑

1) 选用适宜的建筑材料，或变更结构的型式与布置，以减少或平衡上部结构各部分的荷载；

2) 加强结构的刚度，以消除沉降差的影响；

3) 采用静定结构，使适应较大的沉降差；

4) 设置沉降缝，减轻相邻结构因荷载条件不同而引起的相互影响。

(2) 从基础方面考虑

1) 改变基础的刚度或型式，以改善地基中的应力分布，使其适应地基的变形；

2) 结合施工条件，选用适宜的基础类型。

(3) 从施工方面考虑

1) 在施工程序上，应“先重后轻”，即先建荷载大的部分，后建荷载小的部分，以减小沉降差；还应注意“先深后浅”，即在相邻基础施工时，先开挖浇筑较深的基础，后开挖浇筑较浅的基础；

2) 在软土地基上施工，应控制施工速度，使软土具有一定的固结度，以提高土的强度，增加地基的稳定性。

(4) 从地基方面考虑

对地基进行人工处理，使之满足结构物对地基承载力及稳定性与变形的要求。

地基处理方法的确定宜按下列步骤进行：

1) 根据结构类型、荷载大小及使用要求，结合地形地貌、地层结构、土质条件、地下水特征、环境情况和对邻近建筑的影响等因素进行综合分析，初步选出几种可供考虑的地基处理方案，包括选择两种或多种地基处理措施组成的综合处理方案；

2) 对初步选出的各种地基处理方案，分别从加固原理、适用范围、预期处理效果、耗用材料、施工机械、工期要求和对环境的影响等方面进行技术经济分析和对比，选择最佳的地基处理方法；

3) 对已选定的地基处理方法，宜按建筑物地基基础设计等级和场地复杂程度，在有代表性的场地上进行相应的现场试验或试验性施工，并进行必要的测试，以检验设计参数和处理效果。如达不到设计要求时，应查明原因，修改设计参数或调整地基处理方法。

在地基处理工程中，一定要加强施工管理，包括：人员、机械、材料、工艺、环境等因素，严格把握各个环节的质量标准要求，做到“防患于未然”。

地基处理的施工要尽量提早安排，因为地基加固后的强度提高往往需有一段时间，随着时间的延长，强度还会增长，变形模量也会提高，通过调整施工速度，确保地基的稳定性和安全度。

一般在地基处理施工前进行技术交底，施工中进行全项目、全过程及全员质量控制，施工后实施竣工验收。每一过程都要对被加固的软弱地基进行现场监理、测试（如静力触探、标准贯入试验、旁压试验、十字板剪切试验或载荷试验等)，以便及时了解地基土的加固效果，修正加固设计，调整施工进度。为了保证邻近建筑物的安全，还要对邻近建筑物或地下设施进行沉降和裂缝等监测，以便采取防护措施。

4.3 密肋复合板结构示范小区工程地基处理

西安市更新街节能示范住宅小区位于西安市东关更新街以东，索罗巷以北。影响西安地区工程建设的不良地质现象（西安地裂缝），据现场调查与查阅相关地质资料，拟建场地附近无地裂缝经过，也未见有其他不良地质现象。地裂缝据该场地大于500m，目前尚未发现次一级地裂缝活动迹象，拟建场地适宜建筑。原址上大部分为3层以下砖混民房。工程启动后，共拆除建筑垃圾近万立方米。为了降低工程造价、减少环境污染，结合密肋复合板结构特点，提出了全小区采用渣土挤密桩的复合地基方案，基本上利用了现场的建筑垃圾，取得了良好的经济效益和社会效益。现就小区地基处理方案简介如下。

1. 工程地质概况

场地所处的地貌位置为梁洼区北段，古迹梁的北坡地带。根据岩土工程勘察资料，场地地层自上而下为：

（1）人工填土 Q_4^{ml}：由杂填土、素填土两部分组成，其中杂填土在场地内普遍分布，主要由粘性土、建筑垃圾等组成，土质不均，层厚0.30～2.20m；素填土以粘性土为主，含少量炭屑等，层厚0.40～3.10m，具有湿陷性。场地内填土厚度为0.40～3.40m。

（2）黄土 Q_3^{zeol}：黄褐色，可塑，上质均匀，含少量蜗牛壳，孔隙发育，层厚1.90～6.10m，具湿陷性。层底深度4.50～7.50m，f_k＝140～150kPa。

（3）黄土 Q_3^{zeol}：褐黄色，软—流塑，局部地段以流塑为主，土质均匀，无湿陷性，大孔发育，层厚2.70～5.30m，层底深度8.20～10.70m，f_k＝110～120kPa。

（4）古土壤 Q_3^{el}：棕褐色，以软塑为主，少数土样呈可塑或流塑状态。含少量钙质薄膜和零星结核，层厚4.20～6.00m，层底深度12.40～14.60m，该层 f_k 的值均为140kPa。

2. 地基处理方案及设计要求

小区工程全部为7层中小开间住宅楼，主体结构采用密肋复合板结构体系，由于墙体较薄，重量轻（墙厚200mm，双面抹灰后重3.5kN/m^2），7层重量相当于5层普通砖混房屋的重量，场地地基土层中含较厚的中—高压缩性饱和土和非饱和土，且这些土层正处于建筑物的持力层或压缩层内，承载力较低，显然，采用天然地基方案不可行。经过技术及经济比较，若采用混凝土桩基而不经济，宜用渣土挤密桩处理地基，其目的在于提高被加固土层的承载力，降低其压缩性，消除湿陷性。设计桩长5.0m，有效桩径0.6m，梅花形满堂布置，桩距为1.0m。要求加固后的复合地基承载力 f_k 为180kPa，桩间土的最小干密度 $\rho_{dmin}\geq$1.40g/cm^3。具体设计要求如下：

（1）渣土桩钻孔直径400mm，成桩后有效直径600mm。

（2）桩顶设计标高－2.050m，桩顶与基底间铺450mm厚3∶7灰土，干密度1.50沙衬压实系数0.94，灰土垫层下不得残留杂填土。剖面如图4-16所示。

（3）施工时隔排钻孔，跳打。

（4）桩孔填料每小车夯击不少于8击；每米桩长填料不少于4.5车；填料块径不宜大于120mm，填料不得含有木块、塑料等有机材料，不得含过量土粒，当现场渣土不充足时，桩顶1.0m范围内可用2∶8灰土填充。

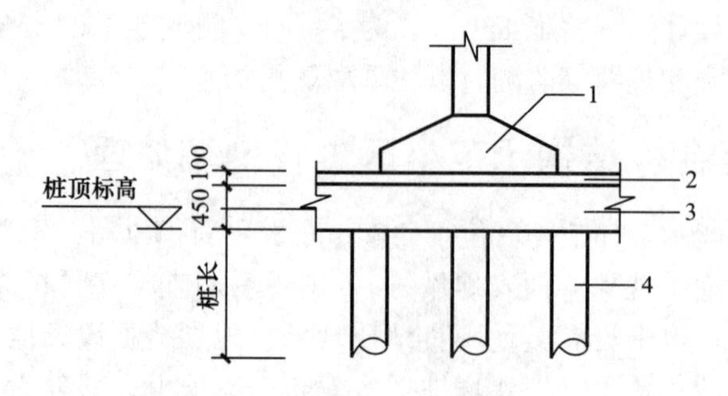

图4-16　渣土桩剖面示意

1—基础；2—CIO素混凝土垫层；3—3∶7灰土垫层；4—渣土桩

(5) 桩身垂直度偏差不大于2%，成孔深度允许偏差±200mm，成孔中心偏差不超过50mm。

(6) 钻孔结束后，必须先夯一击后方可加入填料。

(7) 工程桩施工过程中，每2d测坑底标高一遍，防止基坑隆起。

3. 复合地基检测及评价

(1) 检测内容

根据设计要求、现场条件及《陕西省建筑工程人工地基质量检测技术规定》的要求，进行了如下的试验和检测工作：

1) 施工前进行试桩。

2) 对工程桩桩体进行动力触探，以检测桩体的密实情况。

3) 单桩复合地基静载荷试验，检测复合地基的承载力。

4) 地基开挖探进取样与钻机取样，检测桩间土的挤密效果。

(2) 检测方法

1) 桩体质量检测

采用重型圆锥动力触探（$N_{63.5}$）与超重型圆锥动力触探（N_{120}），记录连续贯入每30cm的锤击数，然后按触探杆长进行修正，得到修正后的N值。

2) 复合地基承载力检测采用单桩复合地基静载荷试验，试验过程严格执行规范规定。采用慢速维持荷载法，反力由吊车和堆载法提供，500kN千斤顶进行分级加荷，加荷系数为30kPa，40kPa两种。

3) 桩间土的挤密效果

试桩及工程桩桩间土的挤密效果检测均在桩所构成的三角形形心下不同深度处，采用探井法取样与钻机取样，取样深度自设计桩顶（基坑底面下0.7m）开始，每进深1.0m取样一组。试桩在现场用环刀法测取土的密度，采用无水乙醇烧干法测取土的含水量，部分土样均送回实验室进行室内测定。

(3) 检测复合板设计要求。

4. 评价标准的确定

由复合地基承载力决定的桩和土的评价标准。按设计要求复合地基承载力的标准值为200kPa，本工程检测采用单桩复合地基静载荷试验的方法确定。但由于本建筑场地土层

2.0～4.6m为非饱和土层，下面为软塑—流塑的饱和黄土层，经地基处理后，上面形成一硬壳层、下面的加固层有可能仍是软弱的，载荷试验压板的直径最大为1.05m，其影响深度有限。为解决加固区下部的承载力问题，采用了桩体承载力和桩间土承载力复合的方法计算复合地基的承载力标准值，其公式采用：

$$f_{spk}=mf_{pk}+(1-m)f_{sk} \tag{4-13}$$

$$m=d^2/de^2 \tag{4-14}$$

式中 f_{spk}——复合地基承载力特征值（kPa）；

f_{pk}——桩体承载力特征值（kPa），可通过单桩载荷试验确定；

f_{sk}——处理后桩间土承载力特征值（kPa），可按当地经验取值，如无经验时，可取天然地基承载力特征值；

m——桩土面积置换率；

d——桩身平均直径（m）；

de——根桩分担的处理地基面积的等效圆直径（m）。

（1）f_{sk}的确定

由试桩结果统计，依桩间土的最小干密度、含水量、压缩系数、标准差、变异系数、统计修正系数，得桩间土的承载力标准值 $f_s^*=158.9$kPa。由于桩间土取自桩所构成的三角形形心处，但考虑到桩间土扰动后结构强度有所降低，为工程安全起见，取 $f_{sk}=150$kPa，并确定以桩间土 $\rho_{d\min}\geqslant1.40$g/cm³ 为桩间土的合格标准。

（2）关于 f_{pk}的确定

根据试验结果，在桩体范围内最小平均值 $\overline{N}_{120}=3.0$，取 $f_{pk}=250$kPa。

（3）置换率

按桩距等于1.0m，桩径等于0.6m，则置换率 $m=0.326$，考虑到桩间土取自最弱的部位，且成桩后一周内即行检测，桩间土的触变性尚未完全恢复，以及试桩桩数少，反复在一个很小范围内施工所产生扰动的影响，使桩和桩间土的承载能力比实际工程桩情况下要低，故确定满足承载力要求的标准为：桩间土 $\rho_{d\min}\geqslant1.40$g/cm³，桩体 $\overline{N}_{120}=3.0$ 作为最低标准。

（4）桩体合格标准的确定

渣土桩桩体合格的标准目前国家规范尚无相关规定，参考湖北省综合勘察院在进行振冲桩桩体的检测中，将 $N_{63.5}=7.0$ 作为桩体密实的评价标准。陕西省质监总站认为 $N_{63.5}=5～7$时，桩体是合格的。但对超重型动力触探没有给出规定。经换算，$N_{63.5}=7.0$ 相当于 $N_{120}=2.5$，实际取 $N_{120}=3.0$，认为桩体可以达到设计承载力的要求。

5. 渣土桩处理地基的机理探讨

渣土桩属废料利用，其最大特点是"就地取材"，对于碎砖瓦、石子、砂、土、工业废料无污染性混凝土块以及它们的混合物均可使用，不需加工，可直接使用。其加固机理主要表现在：

（1）挤密作用：成桩过程对周围土层产生很大的横向挤压力，使桩侧土孔隙比减小，密实度增大，土的物理力学性能改善。

（2）固结作用：砖渣碎块吸水性强，可增加排水渠道，使孔隙水应力消散，加速土体固结，不但具有"消除湿陷"、"液化"等特征，而且大大提高了地基承载力。

（3）渣土桩除了提高地基承载力，减少地基沉降量外，还可用提高土体的抗剪强度，增大土体的抗滑稳定性。

6. 处理效果

西安市更新街节能示范住宅小区采用渣土挤密桩复合地基，历时一个半月，处理地基近1万m^2，利用建筑垃圾9000m^3，单项工程费用按建筑面积分摊仅23元/m^2时，且变废为宝，保护环境，具有很好的经济效益和社会效益。但是，目前对于渣土桩的作用机理尚不成熟、对此还应做进一步的研究。另外，针对场区内土性的不同特点，部分地段采取了灰土垫层及其他方法处理地基。

4.4 密肋复合板结构地基基础力学分析

对密肋复合板结构在选择地基处理方案时，应考虑上部结构、基础和地基的共同作用，下面结合某小区住宅楼（已建）为研究对象，采用相同的筏板尺寸及混凝土强度等级，相同的结构层数、层高、开间与墙体参数进行计算，为简化计算墙体布置按规则形式考虑，地层土分布情况按实际工程采用，选用由试验验证的密肋墙体等效刚度简化模型。具体分析简介如下。

1. 计算参数

密肋复合板结构12层，总高36m，层高为3m，结构的平面如图4-17。

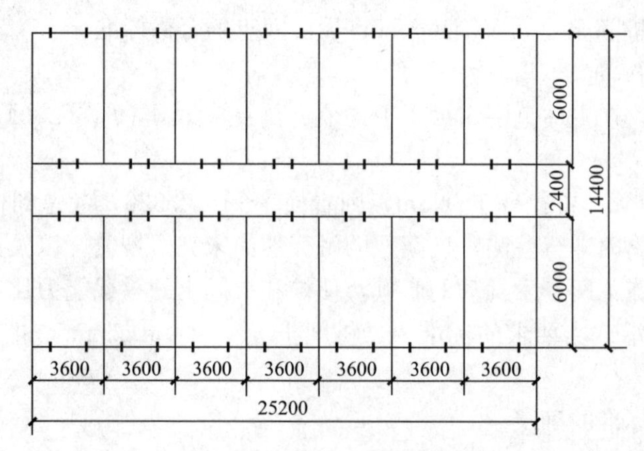

图4-17 平面图示意

门尺寸：0.9m×2.4m；窗尺寸：1.5m×1.5m；窗台高0.9m。隐形外框柱截面尺寸0.35m×0.3m，采用C30混凝土，复合墙体厚0.20～0.25m；每楼层结构承受均布荷载$q=2kN/m^2$；筏基采用C30混凝土，泊松比为$\mu=0.2$，弹性模量$E=3\times10^7kN/m^2$，筏基厚度为0.60m。

参照岩土工程勘察报告，筏板以下各土层分别为：

（1）粉土（Q_4^{al}），黄褐色，稍湿，密实，含氧化铁，砂粒；中压缩性土，压缩系数为$a_{1-2}=0.21MPa^{-1}$，$e=0.876$，$E_s=8.9MPa$；该层土厚3.2m。

（2）粉砂（Q_4^{al}），黄色，稍湿，中密—密实，长石、石英为主要组分，粉粒含量较高，局部夹粘性土薄层，具水平层理；中压缩性土，压缩系数为$a_{1-2}=0.220MPa^{-1}$，$e=0.714$，$E_s=7.8MPa$；该层土厚3.5m。

（3）细砂（Q_3^{al}），黄色，稍湿，中密—密实，长石、石英为主要组分，亚圆状，均匀，稍含粘粒，具水平层理；中压缩性土，压缩系数为 $a_{1-2}=0.122\text{MPa}$，$e=0.649$，$E_s=13.5\text{MPa}$；该层土厚 4.8m。

（4）粉质粘土（Q_4^{al+pl}），黄褐色，湿，可塑，含氧化铁；中压缩性土，压缩系数为 $a_{1-2}=0.307\text{MPa}^{-1}$，$e=00.774$，$E_s=5.8\text{MPa}$；该层土厚 4.3m。

（5）细砂（Q_3^{al}），黄色，饱和，密实，长石、石英为主要组分，亚圆状，均匀，稍含粘粒，具水平层理；中压缩性土，压缩系数为 $a_{1-2}=0.126\text{MPa}$，$e=0.676$，$E_s=13.3\text{MPa}$；该层土厚 6.6m。

由式 $E_0=bE_S$ 分别求得各层土的 E_0，地基采用层状横观各向同性模型，根据土层分布，计算时按变形模量可将土层分为如下 4 层：

（1）与（2）层土为第 1 层，厚 6.7m，$E_v=E_{vh}=7.2\text{MPa}$，泊松比 $\mu_v=\mu_{vh}=0.30$；（3）层土为第 2 层，厚 4.1m，$E_v=E_{vh}=11.7\text{MPa}$，泊松比 $\mu_v=\mu_{vh}=0.25$；（4）层土为第 3 层，厚 4.3m，$E_v=E_{vh}=5.1\text{MPa}$，泊松比 $\mu_v=\mu_{vh}=0.30$；（5）层土为第 4 层，厚 6.6m，$E_v=E_{vh}=11.6\text{MPa}$，泊松比 $\mu_v=\mu_{vh}=0.25$；压缩土层厚度共取为 22.4m。

2. 计算模型及参数选取

（1）计算模型

上部结构地基基础共同作用计算模型如图 4-18 所示。

（2）模型参数选取与建模假定：

在建立上部结构几何模型时依据以上所示平面和剖面图，按实际尺寸建模。上部结构隐形框架梁、柱采用空间梁单元即 beam188 单元；墙体及楼板板采用壳单元，即 shell63；基础及地基为本文研究对象，土体模型横向取 24m，纵向取 40m 进行计算。建模时，假设筏板与地基、各层地基土之间界面变形协调。梁、板、基础与地基弹性模量、泊松比按现行规范和设计与工程实际取值。

土体与筏板基础采用空间 8 节点实体等参单元，且无中间节点，如图 4-19 所示，各节点沿其坐标 x，y，z 共三个平移自由度，分布式荷载可作用于单元的各个侧面，该单元可用于分析大变形、大应变、塑性和屈服等问题。

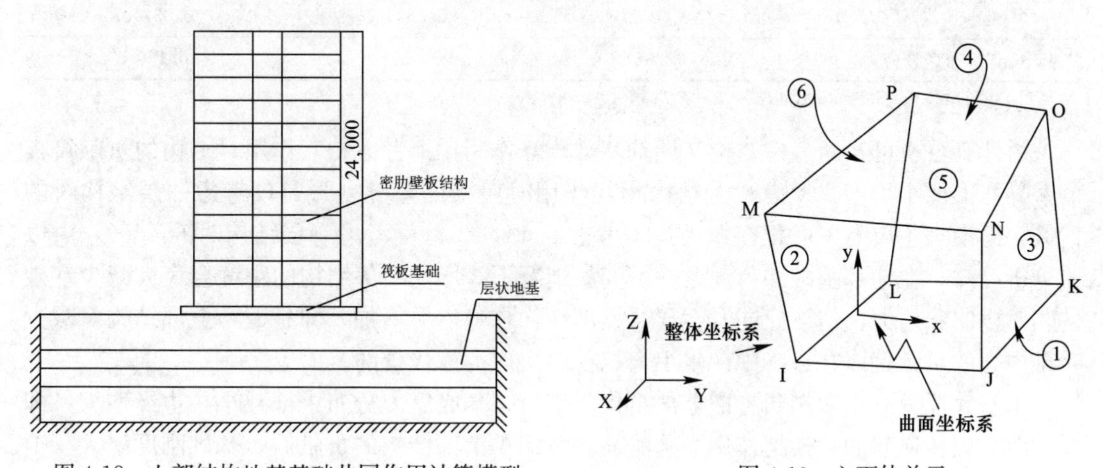

图 4-18　上部结构地基基础共同作用计算模型　　图 4-19　六面体单元

如假定采用 SOLID45 单元的材料各向同性，则其弹性刚度矩阵为：

$$[D]=\frac{E}{(1+\mu)(1-2\mu)}\begin{bmatrix}(1-\mu) & & & & & \\ \nu & (1-\mu) & & \text{对} & \text{称} & \\ \nu & \nu & (1-\mu) & & & \\ 0 & 0 & 0 & \frac{(1-2\mu)}{2} & & \\ 0 & 0 & 0 & 0 & \frac{(1-2\mu)}{2} & \\ 0 & 0 & 0 & 0 & 0 & \frac{(1-2\mu)}{2}\end{bmatrix} \tag{4-15}$$

式中，E、μ 分别为材料的弹性模量和泊松比。

3. 相互作用计算分析

分析计算内容如下：

（1）不考虑与地基基础相互作用时，上部结构的墙底内力分析。

（2）不考虑上部结构刚度时，筏板的内力、变形及基底反力的分析。

（3）考虑结构与地基基础相互作用时，上部结构墙底反力、筏板内力变形及基底反力的分析。

将不考虑上部结构影响时的计算结果与考虑上部结构影响时的计算结果进行比较。计算结果如表 4-3 所示。

是否考虑相互作用时筏板应力、应变、变形对比表 **表 4-3**

	不考虑相互作用	仅考虑 1 层	考虑所用 12 层
最大竖向变形	0.139433	0.100522	0.099409
最小竖向变形	0.078268	0.094709	0.097835
差异变形	0.065165	0.005813	0.001574
最大第一主应力	0.883e7	0.269e7	0.124e7
最大第一主应变	0.249e3	0.851e4	0.403e4
最小米色斯应力	0.103e7	0.0644e7	0.0374e7
最大米色斯应力	0823e7	0.552e7	0.186e7

注：变形单位为“m”，应力的单位为“P_a”。

由计算分析可知：考虑结构与地基基础相互作用比不考虑相互作用时结构的贡献筏板的差异变形要小得多，考虑整个结构相互作用时筏板的差异变形是仅考虑一层结构时的 27%，而最大主应力考虑相互作用是不考虑的 14%，是仅考虑一层结构时的 46%。由以上分析可知，在地基基础和荷载条件不变的情况下，增加上部结构的刚度会大大减少基础的相对挠曲和内力，但与此同时会导致上部结构自身内力增加，即是说，上部结构对减少基础内力的贡献是以在自身中产生不容忽视的次应力为代价的。

由基底反力分布图知当考虑上部结构贡献时，基底反力分布中部减小，边缘增大，即基础对荷载传递起的“架越作用”越明显。考虑了上部结构的贡献后，基础刚度增大，迫使地基沉降趋于均匀。

考虑结构与地基基础相互作用对上部结构应力应变的影响，其边、角部的内力增大，中部内力减小。另外，对结构底部几层影响较大，对结构顶部影响较小。常规设计中，通常把上部结构与基础分别独立计算，未能考虑上部结构与地基、基础的相互工作。仅认为存在着荷载和互为支撑的关系，实际上基础是整体结构的一部分，与地基和上部结构有着不可分割的必然联系，因此，忽视上部结构与地基基础相互作用将造成以下不足：其一是对于非常大刚度的高层建筑来说，忽略了上部结构的刚度贡献，必然造成夸大了基础的挠度和内力的结果，从而造成设计时基础尺寸过大，配筋过多，造成了浪费；其二，未考虑上部结构产生的次应力，实质上降低了上部结构的安全度。应考虑上部结构、地基与基础整个体系的协同工作。

基于计算分析，在设计中，应考虑上部结构与筏板刚度比对结构的应力、应变分布的影响。实际工程中，若上部结构与筏板刚度之比过小，筏板承担过大的内力，易在底层柱角与筏板接触处发生较大的应力集中，反之亦然。而当上部荷载过大时，为调整上部结构与筏板的刚度比，则可能使得筏板过厚而不经济。

针对拟建小区密肋复合板工程实例，有如下建议仅供设计时参考：

（1）由于上部结构“次应力”的原因，底部2～3层边角部竖向应力比不考虑相互作用时提高40％左右。在工程设计中应将柱的截面或配筋量比静载时的计算值作相应提高。

（2）由于上部结构的贡献，筏板底部最大拉应力减小很多，筏板基础配筋可在满足构造要求的前提下比按弹性地基板法计算所得配筋量减小50％左右。按以上设计建议，使结构地基基础三者的刚度比更加合理，使筏板基础配筋减小，不至于造成浪费，也使上部结构有了足够的安全储备，不至于由于“次应力”的存在使结构偏于不安全。

综上所述，和传统计算中割离上部结构、筏板与地基相互关系的方法相比，考虑相互作用时，简单的忽略三者的关系则可能导致结构贮备过低，或基础设计过于保守。因此，采用筏板基础时应考虑相互作用的影响，适当的调整三者的刚度比，做到安全、经济。在密肋复合板结构设计时，对地基—基础—上部结构相互作用共同工作进行分析研究，以提高工作效率，简化设计程序，进行科学的管理，保障工程质量，并达到安全可靠，经济合理，使其以最少的投资，获取较好的社会与环境效益。

第 5 章　防水工程与装饰工程

密肋复合板结构的防水工程包括地下防水工程、屋面防水工程、楼地面防水工程等。地下防水工程主要是防止地下水对建筑物的经常性浸透作用；屋面防水工程主要是防止雨雪对屋面的间歇性浸透作用；楼地面防水工程主要是防止建筑地面的渗透、漏水现象。对于密肋复合板结构体系其防水工程是房屋建筑的一项十分重要的部分，其质量的好坏，涉及到材料、设计、施工、和使用保养等方面，关系到建筑物的安全与使用寿命，并直接影响到人们的生产与生活活动。所以，在防水工程施工中，必须严格把好质量关。

建筑装饰工程是选用适当的材料，通过各种施工工艺及措施，对建筑物主体结构的内外表面进行装设和修饰，并对建筑物及其室内环境进行艺术加工和处理。其主要功能在于保护建筑物各种构件免受自然界的风、雪、雨、潮气的侵蚀，改善隔热、隔声、防潮功能，提高建筑物的耐久性，延长建筑物的使用寿命。同时，为人们创造良好的生产、生活及工作环境。密肋复合板结构的装饰工程与其他结构情况类同，主要包括抹灰工程、门窗工程、吊顶工程、轻质隔墙工程、饰面工程、幕墙工程、涂饰工程、涂料工程和裱糊工程等。

5.1　防水工程

防水工程按其构造分为防水层防水和结构自防水两大类。防水层防水是在建筑物构件的迎水面或背水面以及接缝处，附加防水材料做成防水层，以起到防水作用，如卷材防水、涂膜防水、刚性材料防水层防水等。结构自防水主要是依靠建筑物构件材料的密实性及某些构造措施，使结构构件起到防水作用。防水工程又分为柔性防水（卷材防水、涂膜防水等）与刚性防水（结构自防水，刚性材料防水层防水等）。

5.1.1　地下防水工程

由于地下工程长期受到地下水潮湿环境的浸蚀，所以地下防水工程操作难度大、要求高，防水方案应根据工程具体情况确定，一般设防水混凝土结构、加防水层、“防排结合”等。

1. 卷材防水层

地下卷材防水层是一种柔性防水层，是用胶粘剂将几层卷材粘贴在地下结构基层的表面上而形成的多层防水层。它具有较好的防水性和良好的韧性，能适应结构振动和微小变形，并能抵抗酸、碱、盐溶液的侵蚀，由于卷材吸水率大，机械强度低，耐久性差，在发生渗漏后难以修补。因此，卷材防水层只适应形式简单的整体钢筋混凝土结构基层和以水泥砂浆、沥青砂浆或沥青混凝土为找平层的基层。

一般地下卷材防水层设置在建筑结构的外侧，称为外防水。外防水的防水层在迎水面，受压力水作用紧压在结构上，防水效果好，因而得到广泛应用。外防水卷材的铺贴方法可有外防外贴法和外防内贴法。

(1) 外防外贴法

外防外贴法施工是在地下防水结构墙体做好以后，把卷材防水层直接铺贴在外表面上，然后再砌筑保护墙。其构造如图 5-1 所示。

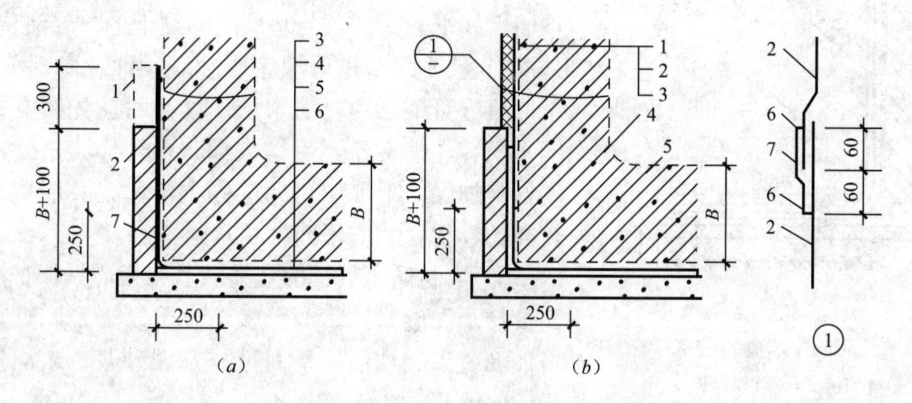

图 5-1 卷材防水层甩槎、接槎做法

(a) 甩槎：1—临时保护墙；2—永久保护墙；3—细石混凝土保护层；4—卷材防水层；5—水泥砂浆找平层；6—混凝土垫层；7—卷材加强层

(b) 接槎：1—结构墙体；2—卷材防水层；3—卷材保护层；4—卷材加强层；5—结构底板；6—密封材料；7—盖缝条

施工程序如下：

1) 先浇筑需防水结构的底层混凝土垫层；

2) 在垫层上砌筑永久性保护墙，墙下铺一层干油毡。墙的高度不小于需防水结构底板厚度再加 100mm；

3) 在永久性保护墙上用石灰砂浆接砌保护墙，墙高为 300mm；

4) 在永久性保护墙上抹 1∶3 水泥砂浆找平层，在临时保护墙上抹石灰砂浆找平层，并刷石灰浆。如用模板代替临时性保护墙，应在其上涂刷隔离剂；

5) 待找平层基本干燥后，即可根据所选卷材的施工要求进行铺贴；

6) 在大面积铺贴卷材之前，应先在转角处粘贴一层卷材附加层，然后进行大面积铺贴，先铺平面，后铺立面。在垫层和永久性保护墙上应将卷材防水层空铺，而在临时保护墙（或模板）上应将卷材防水层临时贴附，并分层临时固定其顶端；

7) 当不设保护墙时，从底面折向立面的卷材的接槎部位应采取可靠的保护措施；

8) 浇筑需防水结构的混凝土底板和墙体；

9) 在需防水结构外墙外表面抹找平层；

10) 主体结构完成后，铺贴立面卷材时，应先将接槎部位的各层卷材揭开，并将其表面清理干净，如卷材有局部损伤，应及时进行修补。卷材接槎的搭接长度，高聚物改性沥青卷材为 150mm，合成高分子卷材为 100mm。当使用两层卷材时，卷材应错搓接缝，上层卷材应盖过下层卷材。卷材的甩搓、接槎做法如图 5-1 所示；

11) 待卷材防水层施工完毕，并经过检查验收合格后，应及时做好卷材防水层的保护结构。保护结构的几种做法有：砌筑永久保护墙；抹水泥砂浆；贴塑料板。

(2) 外防内贴法

外防内贴法是浇筑混凝土垫层后，在垫层上将永久保护墙全部砌好，将卷材防水层铺

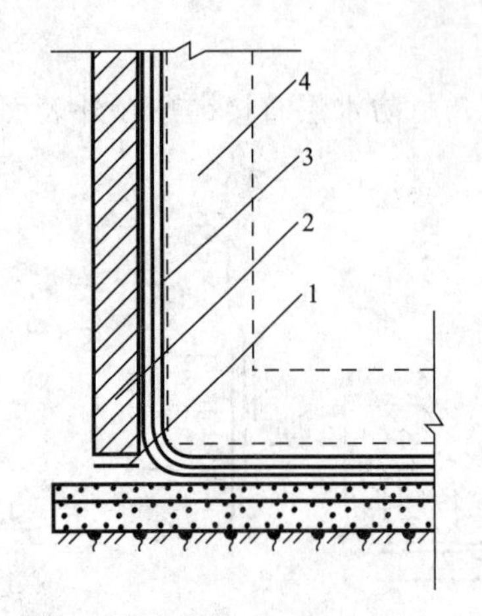

图 5-2　外防内贴法卷材防水构造

1—平铺油毡层；2—砖保护墙；
3—油毡防水层；4—待施工的地下构筑物

贴在垫层和永久保护墙上，其构造如图 5-2 所示。

1）在已施工好的混凝土垫层上砌筑永久保护墙，保护墙全部砌好后，用 1∶3 水泥砂浆在垫层和永久保护墙上找平。保护墙与垫层之间须干铺一层油毡。

2）找平层干燥后即涂刷冷底子油或基层处理剂，干燥后方可铺贴卷材防水层。铺贴时应先铺立面、后铺平面，先铺转角，后铺大面。在全部转角处应铺贴卷材附加层，附加层可两层同类油毡或一层抗拉强度较高的卷材，并应仔细粘贴紧密。

3）卷材防水层铺完经验收合格后应做保护层。立面可抹水泥砂浆、贴塑料板，或用氯丁系胶贴剂粘铺石油沥青纸胎油毡；平面可抹水泥砂浆，或浇筑不少于 50mm 厚的细石混凝土。

4）施工需防水结构，将防水层压紧。如混凝土结构，则永久保护墙可当一侧模板，卷材防水层上的细石混凝土保护层厚度不应小于 70mm，防水层如为单层卷材，则与保护层之间应设置隔离层。

5）结构完工后，方可回填土。

（3）提高卷材防水层质量的技术措施

1）卷材的点粘、条粘及空铺。卷材防水层是粘附在具有足够刚度的结构层或结构层上的找平层上面，当结构层因种种原因产生变形裂缝时，要求卷材有一定的延伸率来适应这种变形，采用点粘、条粘、空铺的措施可以充分发挥卷材的延伸性能，有效地减少卷材被拉裂的可能性。

2）增铺卷材附加层。对变形较大、易遭破坏和易老化部位，如变形缝、转角、三面角以及穿墙管道周围、地下出入口通道等处，均应铺设卷材附加层。

3）做密封处理。为使卷材防水层增强适应变形的能力，提高防水层整体质量，在分隔缝、穿墙管道周围、卷材搭接缝，以及收头部位应做密封处理。

4）施工中，应重视对卷材防水层的保护。

（4）特殊部位的防水处理

1）管道埋设件防水处理。管道埋设件与卷材防水层连接处做法如图 5-3 所示。为了避免因结构沉降造成管道变形破坏，应在管道穿过结构处埋设套管，套管上附有法兰盘，套管应于浇筑结构时设计位置预埋准确。卷材防水层应粘贴在套管的法兰盘上，粘贴宽度至少为 100mm，并用夹板将卷材压紧。粘贴前应将法兰盘及夹板上的尘垢和铁锈清除干净，刷上沥青。夹紧卷材的夹板下面，应用软金属片、石棉纸板、防水卷材等衬垫。

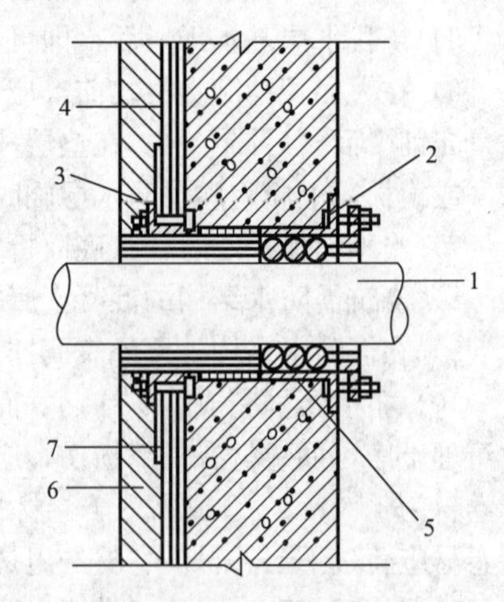

图 5-3　卷材防水层与管道埋设件连接处做法

1—管道；2—套管；3—夹板；4—卷材防水层；
5—填缝材料；6—保护墙；7—附加卷材层衬垫

2）变形缝防水处理。在变形缝处应增加卷材附加层，附加层可视实际情况采用合成高分子防水卷材、高聚物改性沥青防水卷材等。在结构厚度的中央埋设止水带，止水带的中心圆环应正对变形缝中间。

2. 涂膜防水

涂膜防水是在防水结构表面基层上涂以一定厚度的防水涂料，经固化后形成封闭的具有良好弹性性能的涂膜防水层。涂膜防水具有重量轻，耐候性、耐水性、耐蚀性优良，适用性强，冷作业，易于维修等优点；但涂膜时其厚度不易做到均匀一致，抵抗结构变形能力差，与潮湿基层粘结力差，抵抗动水压力的能力差等缺点。

常用的防水涂料有：合成高分子防水涂料、高聚物改性沥青防水涂料、沥青基防水涂料、无机物—水泥类防水。涂膜防水层总厚度小于 3mm 为薄质涂料，总厚度大于 3mm 为厚质涂料。

（1）涂膜防水层的施工顺序

地下工程涂膜防水层的设置可分为内防水（即防水涂膜涂刷于结构内壁）、外防水（防水涂膜涂刷于结构外壁）两种形式，如图 5-4 所示。涂膜外表面应设置砂浆、砖或饰面等保护层。

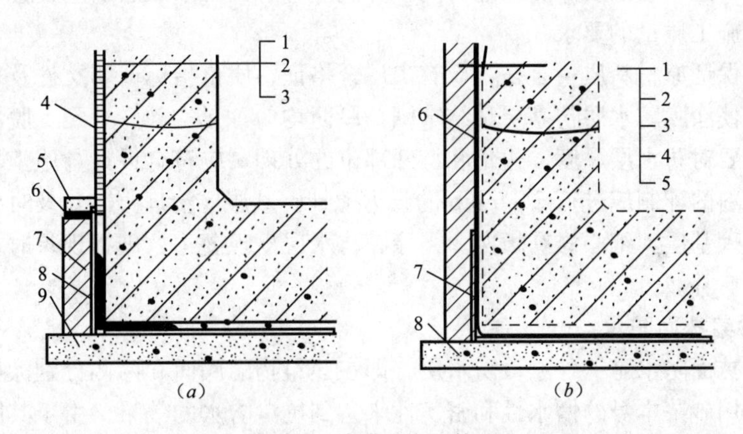

图 5-4　涂膜防水层构造

（*a*）防水涂料外防外涂做法：1—结构墙体；2—涂料防水层；3—涂料保护层；4—涂料防水加强层；5—涂料防水层搭接部位保护层；6—涂料防水层搭接部位；7—永久保护墙；8—涂料防水加强层；9—混凝土垫层

（*b*）防水涂料外防内涂做法：1—结构墙体；2—砂浆保护层；3—涂料防水层；4—砂浆找平层；5—保护墙；6、7—涂料防水加强层；8—混凝土垫层

涂膜防水层的施工顺序应遵循“先远后近、先高后低、先细部后大面、先立面后平面”的原则。涂膜防水层施工顺序一般如图 5-5 所示。

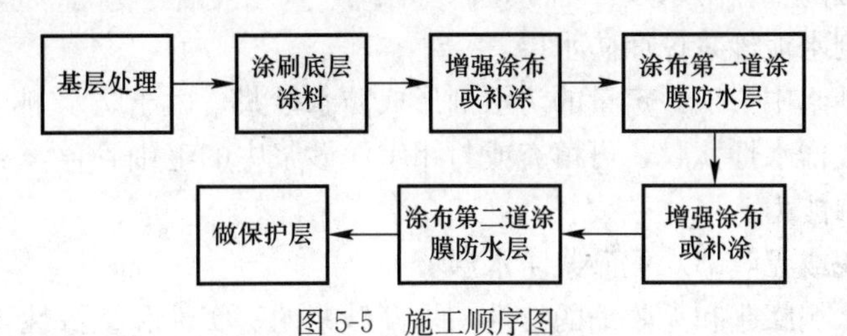

图 5-5　施工顺序图

涂膜施工时，环境温度在 10～30°C 为宜；在低温或高温、霜、雪、大风（5 级风以

上）的天气不宜进行涂膜施工，薄质涂料和厚质涂料的施工工艺具有不同的方法。

（2）薄质涂料施工

薄质涂料一般指水乳型或溶剂型的高聚物改性防水涂料及合成高分子防水涂料。薄质涂料施工一般采用涂刷法或喷涂法，胎体材料施工有湿铺法（先刷涂料，后铺胎体，再用滚刷滚压使胎体布孔眼浸满涂料）和干铺法（先干铺胎体，再满刮涂料，使涂料浸入胎体布孔眼，并与下层已固化的涂膜结成整体）。涂膜施工过程要注意涂布均匀、厚薄一致，不得漏涂。涂膜防水层一般分为三道涂布，底层涂料一般为0.15～0.20kg/m^3；底层涂布24h以上，固化干燥后方可根据设计或施工要求进行增强涂布或增补涂布，增强涂布是采用条形或块状加设玻璃纤维布，在第一道涂膜固化后，可涂刮第二道涂膜，前后两道工序的涂刮方向应相互垂直。在第二道涂膜固化前，在其表面稀撒粒径约2mm的石渣，增强涂膜与保护层的粘结能力。最后一道涂膜固化干燥后，即可设置保护层。

（3）厚质涂料施工

厚质涂料一般指沥青基防水涂料，其施工工艺与薄质涂料基本相同，不同之处在于涂料中含有较多的填充料，故而涂料厚、成膜干固时间长。为此，施工前应试验测定后来确定涂膜的厚度和总厚度以及涂布间隔时间，并且应考虑人工干燥法加速成膜。

（4）保证施工质量的要求

首先，应保证原材料质量合格，应有出厂合格证、质量指标证明文件及现场复检报告单；其次，要使涂膜防水层与基层粘结牢固，厚薄均匀，无空鼓、开裂、脱层以及收头不平等缺陷，就要对防水层厚度、边角和特殊部位的处理，应符合设计与施工规定要求。施工中对防水涂料的配制应进行2～5min的强力搅拌。基层应清理干净，及时处理气泡和起鼓，应认真清理基层，细心修补填实。当涂膜防水层出现翘边、破损现象时，可采取增强和增补法进行修补。

3. 水泥砂浆抹面防水

水泥砂浆抹面防水是一种刚性防水层。即在建筑物的底面和两侧分别涂抹一定厚度的水泥砂浆，利用砂浆本身的憎水性和密实性来达到抗渗防水的效果。由于其防水层抵抗变形能力差，而不宜用于受振动荷载影响的工程或结构上易产生不均匀沉陷的工程，亦不适用于受腐蚀、高温及反复冻融的砌体工程。

常用的水泥砂浆防水层主要有刚性多层防水层、掺外加剂的防水砂浆防水层和膨胀水泥或无收缩性水泥砂浆防水层等类型。

（1）刚性多层防水层

刚性多层防水层是利用素灰（即稠度较小的水泥浆）和水泥砂浆分层交替抹压均匀密实，构成一个多层的整体防水层。

（2）掺防水剂水泥砂浆抹面防水层

在普通水泥砂浆中掺入一定量的防水剂形成防水砂浆，由于防水剂与水泥水化作用而形成不溶性物质或憎水性薄膜，可填充或封闭水泥砂浆中的毛细管道，从而获得较高的密实性，提高其抗渗能力。

（3）膨胀水泥或无收缩水泥砂浆防水层

主要是利用水泥膨胀和无收缩的特性来提高砂浆的密实性和抗渗性，其砂浆的配合比为1∶2.5（水泥：砂），水灰比为0.4～0.5涂抹方法与防水砂浆相同，但由于砂浆凝结

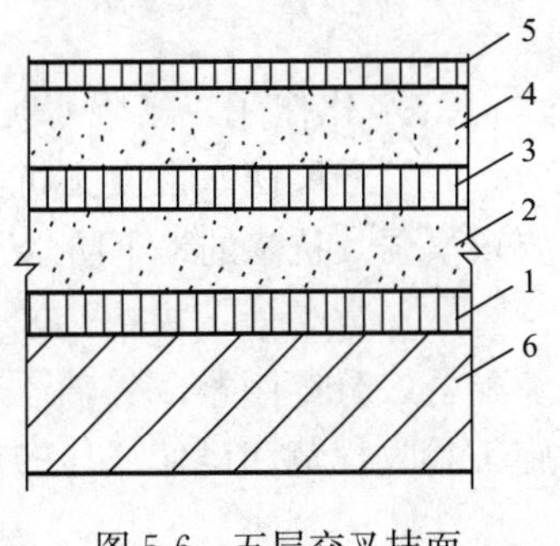

图 5-6 五层交叉抹面
1，3—素灰层；2，4—砂浆层；
5—水泥浆层；6—结构基层

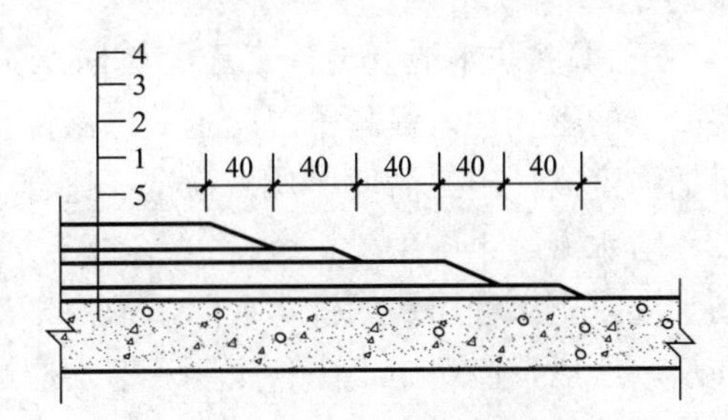

图 5-7 防水层留搓做法
1、3—素灰层；2、4—砂浆层；
5—结构基层

快，故在常温下配制的砂浆必须在 1h 内使用完毕。

在配制防水砂浆时宜采用强度等级不低于 32.5 的普通硅酸盐水泥或膨胀水泥，也可采用矿渣硅酸盐水泥；采用中砂或粗砂。基层表面要坚实、粗糙、平整、洁净，涂刷前基层应洒水湿润，以增强基层与防水层的粘结力。

4. 防水混凝土

防水混凝土既是承重结构及围护结构，同时还应具有良好防水渗漏的性能。防水混凝土是依靠调整混凝土配合比，掺外加剂和精心施工等方法来提高自身的密实性，憎水性和抗渗性而达到防水的目的。防水混凝土具有取材容易、施工简便、工期较短、耐久性好、工程造价低等优点。所以，在地下工程中防水混凝土得到了广泛应用。

目前，常用的防水混凝土主要有普通防水混凝土、外加剂防水混凝土等。

（1）对防水混凝土原材料及其配制的要求

普通防水混凝土是在普通混凝土骨料级配的基础上，通过调整和控制配合比来提高自身密实度和抗渗性，且还要满足结构强度的一种混凝土。

外加剂防水混凝土是在混凝土中加入一定量的有机物或无机物，以改善混凝土的性能和结构组成，提高其密实性和抗渗性，达到防水要求。外加剂种类很多，不同的外加剂，其性能、作用各异，应根据工程结构和施工工艺等对防水混凝土的具体要求，适宜的选择相应的外加剂。

1）引气剂防水混凝土。在混凝土拌和物下加入引气剂后，会产生大量微小、密闭、稳定而均匀的气泡，使其戮滞性增大，不易松散离析，显著地改善了混凝土的和易性，还可以使毛细管的形状及分布发生改变、切断渗水通路，从而提高了混凝土的密实性和抗渗性。引气剂防水混凝土适用于对抗渗性和抗冻性要求较高的工程结构，特别适合寒冷地区使用。常用的引气剂有松香酸钠（松香皂）、松香热聚物；另外还有烷基磺酸钠、烷基苯磺酸钠等。

2）减水剂防水混凝土。减水剂是一种表面活性剂，它以分子定向吸附作用将凝聚在一起的水泥颗粒絮凝状结构高度分散解体，并释放出其中包裹的拌和水，使在坍落度不变的条件下，减少了拌和用水量。此外，由于高度分散的水泥颗粒更能充分水化，使水泥石结构更加密实，从而提高混凝土的密实性和抗渗性。减水剂防水混凝土适用于一般防水工程及对施工工艺有特殊要求的防水工程。常用的减水剂有木质素磺酸钙、多环芳香族磺酸钠、糖蜜等。

3）三乙醇胺防水混凝土。三乙醇胺防水剂加快了水泥的水化作用，增强水泥强度，增大混凝土的密实性，提高了混凝土的抗渗性与抗渗压力。三乙醇胺防水混凝土抗渗性良好，早期强度高，施工简便、质量稳定，适合工期紧，要求早强及抗渗的地下防水工程。

（2）防水混凝土施工

防水混凝土工程质量的优劣，除了取决于设计材料及配合成分等因素以外，还取决于施工质量，所以，应对施工中各主要环节均应严格遵循施工验收规范和操作规程的规定进行精心施工。

1）模板应平整且拼缝严密不漏浆，模板支撑应牢固稳定，结构内的钢筋或绑扎钢丝不得接触模板，以免水沿其缝隙渗入。当需要对拉螺栓固定模板时，应在预埋套管或螺栓上加焊止水环，阻止渗水通路。

2）绑扎钢筋时，应按设计要求留设保护层，不得有负误差。留设保护层应以相同配合比的细石混凝土或水泥砂浆制成垫块，严禁钢筋垫钢筋，将钢筋用铁钉、铅丝直接固定在模板上，以防止水沿钢筋侵入。

3）应采用机械搅拌防水混凝土，搅拌时间不应少于 120s；对掺入外加剂的混凝土，应根据外加剂的技术要求确定搅拌时间。

4）在运输过程中，应采取措施防止混凝土拌和物产生离析。如出现离析，则必须进行二次搅拌。当坍落度较小不能满足施工要求时，应加入原水灰比的水泥浆或二次掺加减水剂进行搅拌，严禁直接加水搅拌。

5）混凝土浇筑应分层，每层厚度不宜超过 30～40cm，相邻两层浇筑时间间隔不应超过混凝土的初凝时间，一般为 2h，夏季可适当缩短。在浇筑地点须检查坍落度，每工作班至少检查两次。

6）防水混凝土必须采用高频机械振动，振动时间宜为 10～30s，以混凝土泛浆和不冒气泡为准。要依次振捣密实，应避免漏振、欠振和超振。掺加引气剂或引气型减水剂时，应采用高频插入式振捣器振捣密实，以保证防水混凝土的抗渗性。

7）施工缝的留置。为了保证地下结构的防水效果，施工时应尽可能不留或少留施工缝。施工缝分为水平和垂直两种，工程中多用水平施工缝，垂直施工缝尽量利用变形缝。留施工缝必须征求设计人员的同意，留在弯矩最小、剪力也最小，且施工方便的位置。地下室墙体与底板之间的施工缝，应在高出底板表面 300mm 的墙体上；地下室顶板、拱板与墙体的施工缝，应留在拱板、顶板与墙交接处之下 150～300mm 处。

水平施工缝皆为墙体施工缝，现行规范只推荐平面交接施工缝，构造如图 5-8 所示。水平施工缝浇混凝土前，应将其表面浮浆和杂物清除，先铺净浆，再铺 30～50mm 厚的 1∶1水泥砂浆或涂刷混凝土界面处理剂，并及时浇筑混凝土。当选用的遇水膨胀止水条时，其 7d 的膨胀率不应大于最终膨胀率的 60%，这主要是为逢雨天或清理杂物时水冲之后留够操作时间；遇水膨胀止水条应牢固地安装在施工缝表面或预留槽内；采用中埋式止水带时，应确保位置准确、固定牢靠。

8）防水混凝土的养护对其抗渗性能影响极大，特别是早期湿润养护更为重要，一般在混凝土进入终凝前（浇筑后 4～6h）即应覆盖，浇水湿润养护不少于 14d。防水混凝土不宜采用电热养护和蒸汽养护。

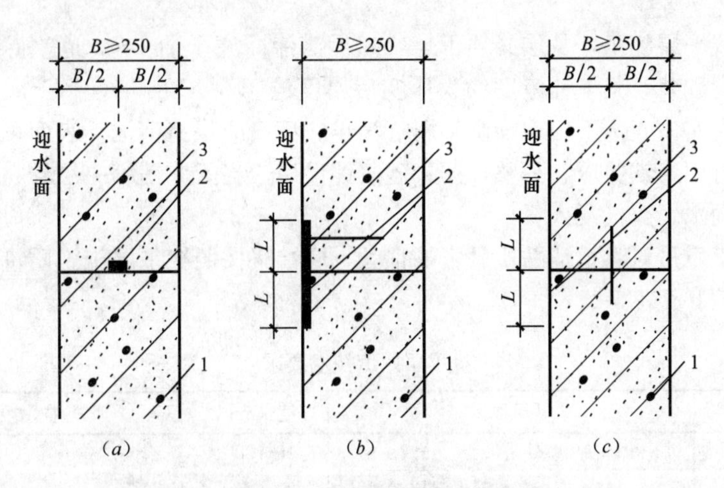

图 5-8 施工缝防水基本构造

(*a*) 施工缝中设置遇水膨胀止水条：1—先浇混凝土；2—遇水膨胀止水条；3—后浇混凝土

(*b*) 外贴止水带：外贴止水带 $L \geqslant 150$；外涂防水涂料 $L=200$；外抹防水砂浆 $L=200$；1—先浇混凝土；2—外贴防水层；3—后浇混凝土

(*c*) 中埋止水带：钢板止水带 $L \geqslant 100$；橡胶止水带 $L \geqslant 125$；钢边橡胶止水带 $L \geqslant 120$；1—先浇混凝土；2—中埋止水带；3—后浇混凝土

5.1.2 屋面防水工程

屋面防水工程主要为卷材防水屋面、防水涂料屋面和刚性防水屋面。

1. 卷材防水屋面施工

卷材防水屋面属于柔性防水屋面，它具有重量轻，防水性能较好，尤其是防水层具有良好的柔韧性，能适应一定程度的结构振动和胀缩变形，一般常采用高聚物改性沥青类防水卷材和合成高分子类防水卷材，如弹性体改性沥青防水卷材，改性沥青聚乙烯防水卷材，聚氯乙烯防水卷材，聚乙烯丙纶复合防水卷材等。

卷材防水屋面一般由结构层、隔气层、保温层、找平层、防水层和保护层组成，其中隔气层和保温层在一定的气温和使用条件下可不设。

(1) 对结构层的要求

现浇钢筋混凝土屋面板应连续浇筑，不宜留施工缝，振捣密实，表面平整，并符合规定的排水坡度；预制楼板则要求安放平稳牢固，板缝间应嵌填密实。结构层表面应清理干净并平整。

(2) 找平层施工

找平层基层或保温层上表面的构造层。为使卷材铺贴平整，粘结牢固并具一定强度，找平层一般采用 1∶3 水泥砂浆、细石混凝土或 1∶8 沥青砂浆，其表面应平整、粗糙，按设计留置坡度，屋面转角处设半径不小于 100mm 的圆角或斜边长 100～150mm 的钝角垫坡。为了防止由于温差和结构层的伸缩而造成防水层开裂，顺屋架或承重墙方向留设 20mm 左右的分格缝。

水泥砂浆找平层的铺设应由远而近，由高到低；每分格内应一次连续铺成，用 2m 左右长的木条找平；待砂浆稍收水后，用抹子压实抹平。完工后尽量避免踩踏。

沥青砂浆找平层施工，基层必须干燥，然后满涂冷底子油 1～2 道，待冷底子油干燥后，可铺设沥青砂浆，其虚铺厚度约为压实后厚度的 1.3～1.4 倍，刮干后，用火滚进行滚压至平整、密实、表面不出现蜂窝和压痕为止。滚筒应保持清洁，表面可涂刷柴油。滚压不到之处，可用烙铁烫压、平整，沥青砂浆铺设后，当天应铺第一层卷材，否则要用卷材盖好，防止雨水、露气浸入。

找平层施工质量对卷材铺贴质量影响很大，应严格按照找平层施工质量要求和技术标准操作，见表 5-1 及表 5-2。

找平层厚度技术要求 **表 5-1**

类别	基层种类	厚度（mm）	技术要求
水泥砂浆找平层	整体混凝土	15～20	体积比为 1∶2.5～1∶3（水泥∶砂），水泥强度等级不低于 32.5
	整体或板状材料保温层	20～25	
	装配式混凝土板、松散材料保温层	20～30	
细石混凝土找平层	松散材料保温层	30～35	混凝土强度等级 C15
沥青砂浆找平层	整体混凝土	15～20	质量比为 1∶8
	装配式混凝土板、整体或块状材料保温层	20～25	

找平层施工质量要求 **表 5-2**

项目	施工质量要求
材料	水泥砂浆、细石混凝土或沥青砂浆，其材料、配合比必须符合要求
平整度	找平层应粘结牢固，没有松动、起壳、翻砂等现象。表面平整，用 2m 长的直尺检查，找平层与直尺间空隙不应超过 5mm，空隙仅允许平缓变化，每米长度内不得多于一处
坡度	找平层坡度应符合设计要求，一般天沟纵向坡度不小于 1%；内部排水的水落口周围应做成半径约 0.5m 和坡度不宜小于 5%的杯形洼坑
转角	两个面的相接处，如墙、天窗壁、伸缩缝、女儿墙、沉降缝、烟囱、管道泛水处以及檐口、天沟、斜沟、水落口、屋脊等，均应做成半径不小于 100～150mm 的钝角垫坡，并检查泛水处的预埋件位置和数量
分格	找平层宜留设分格缝，缝宽一般为 20mm，分格缝应留设在预制板支承边的拼缝处，其纵横向的最大间距：水泥砂浆或细石混凝土找平层，不宜大于 6m；沥青砂浆找平层，不宜大于 4m，分格缝兼作排气屋面的排气道时，可适当加宽，并应与保温层连通。分格缝应附加 200～300mm 宽的卷材，用沥青胶结材料单边点贴覆盖
水落口	内部排水的水落口杯应牢固固定在承重结构上，水落口所有零件上的铁锈均应预先清除干净，并涂上防锈漆。水落口杯与竖管承口的联接处，应用沥青与纤维材料拌制的填料或油膏填塞

（3）隔气层施工

隔气层可采用气密性好的卷材或防水涂料。一般是在结构层（或找平层）上涂刷冷底子油一道和热沥青二道，或铺设一毡两油。隔气层必须是整体连续的。在屋面与垂直面衔接的地方，隔气层还应延伸到保温层顶部并高出 150mm，以便与防水层相接。

（4）保温层施工

根据所使用的材料，保温层可分为松散、板状和整体三种形式。

1）松散材料保温层。施工前应对松散保温材料的粒径、堆积密度、含水率等主要指标抽样复查，符合设计或规范要求时方可使用。施工时，松散保温材料应分层铺设，每层虚铺厚度不宜大于150mm，边铺边适当压实，使表面平整。压实程度与厚度应经试验确定：压实后不得直接在保温层上行车或堆放重物。保温层施工完成后应及时进行下道工序。铺抹找平层时，可在松散保温层上铺一层塑料薄膜等隔水物，以阻止找平层砂浆中水分被保温材料所吸收。

2）板状保温层。板状保温材料的外形应整齐，其厚度允许偏差为±5%，且不大于4mm，其表观密度、导热系数以及抗压强度也应符合规范规定的质量要求。板状保温材料可以干铺，应紧靠基层表面、铺平、垫稳，接缝处应用同类材料碎屑填嵌饱满；也可用胶粘剂粘贴形成整体。多层铺设或粘贴时，板材的上下层接缝要错开，表面要平整。

3）整体保温层。目前常用的有水泥、沥青膨胀珍珠岩及膨胀蛭石，分别选用不低于32.5号水泥和10号建筑石油沥青作胶结料。水泥膨胀珍珠岩、水泥膨胀蛭石宜采用人工搅拌，避免颗粒破碎，并应拌和均匀，随拌随铺，虚铺厚度应根据试验确定，铺后拍实抹平至设计厚度、压实抹平后应立即抹找平层；沥青膨胀珍珠岩、沥青膨胀蛭石宜采用机械搅拌，拌至色泽一致、无沥青团，沥青的加热温度不高于240℃，使用温度不低于190℃，膨胀珍珠岩、膨胀蛭石的预热温度宜为100～120℃。

（5）防水层施工

1）施工前准备工作

卷材防水层施工前应在屋面上其他工程完工后进行。施工前应先在阴凉干燥处将卷材打开，清除云母片或滑石粉，然后卷好直立放于干净、通风、阴凉处待用；准备好熬制、拌和、运输、刷油、清扫、铺贴卷材等施工操作工具以及安全和灭火器材；设置水平和垂直运输的工具、机具和脚手架等，并检查是否符合安全要求。

2）卷材铺贴的一般要求

铺贴多跨和高低跨的房屋卷材防水层时，应按先高后低、先远后近的顺序进行；铺贴同一跨房屋防水层时，应先铺排水比较集中的水落口、檐口、斜沟、天沟等部位及卷材附加层，按标高由低到高向上施工；坡面与立面的卷材，应由下开始向上铺贴，使卷材按流水方向搭接。

卷材铺贴的方向应根据屋面坡度或屋面是否有存在振动而确定。当坡度小于3%时，卷材宜平行屋脊方向铺贴；坡度在3%～15%时，卷材可平行或垂直屋脊方向铺贴，坡度大于15%或屋面受振动时，应垂直屋脊铺贴。卷材防水屋面坡度不宜超过25%。卷材平行屋脊铺贴时，长边搭接不小于70mm；短边搭接平屋顶不应小于100mm，坡屋顶不宜小于150mm。当第一层卷材采用条粘、点粘或空铺时，长边搭接不应小于100mm，短边不应小于150mm，相邻两幅毡短边搭接缝应错开不小于500mm，上下两层卷材应错开1/3或1/2幅宽；上下两层卷材不宜相互垂直铺贴；垂直于屋脊的搭接缝应顺主导风向搭接；接头顺水流方向，每幅卷材铺过屋脊的长度应不小于200mm。为保证卷材搭接宽度和铺贴顺直，铺贴卷材时应弹出标线。卷材铺贴前，找平层应干燥。一般现场找平层干燥程度的简易检验方法是：将1m² 卷材平坦地干铺在找平层上，静置3～4h后掀开卷材，检查找平层覆盖部位与卷材上有无水印，如果未见水印即可铺设隔气层或防水层。

3）卷材热铺贴施工

该法分为满贴法、条粘法、空铺法和点粘法四种。满贴法是将卷材下涂满玛蹄脂，使卷材与基层全部粘结。铺贴卷材时，如保温层和找平层干燥有困难，需在潮湿的基层上铺贴卷材时，常采用空铺法、条铺法、点粘法与排气屋面相结合。空铺法是指铺贴防水卷材时，卷材与基层仅四周一定宽度内粘结，其余部分不粘结的施工方法。点粘法是铺贴防水卷材时，卷材或打孔卷材与基层采用点状粘结的施工方法，每平方米粘结不少于5个点，每点面积为100mm×100mm。条粘法铺贴卷材时，卷材与基层粘结面不少于两条，每条宽度不少于150mm。

① 满贴法。其铺贴的工序为：浇油—铺贴—收边—滚压等。

② 条粘法。在铺贴第一层卷材时，不满涂满浇玛蹄脂，而采用蛇形和条形涂撒的做法，使第一层卷材与基层之间有若干互相连通的空隙，在屋脊或屋面上设置排气槽、出气孔，互相连通构成“排气屋面”，便于排出水气，避免卷材起泡，节省玛蹄脂。但用花撒玛蹄脂铺贴每一层卷材时，操作要细致，搭接处的毡边必须粘住。卷材不宜过紧过松，否则容易产生开裂或折皱。屋面四周、檐口、屋脊和屋面转角处及突出屋面的连接处，至少有800mm宽的卷材满撒玛蹄脂进行实铺。同时基层涂刷冷底子油，第二层及以上卷材均要求实铺。

也可采用在基层中留置20～40mm宽的纵横连通的排气道沟槽，并单边点贴200～300mm宽的卷材条，然后实铺第一层卷材；或直接在找平层上先空铺纵横连通的300mm宽的卷材条，形成连通的排气通道，然后再实铺第一层卷材。

③ 空铺法、点粘法铺贴防水卷材的施工方法与条粘法基本相同。

4）卷材冷粘法施工

卷材冷粘法施工具有劳动条件好、工效高、工期短等优点，也可避免热作业熬制热沥青玛蹄脂对周围环境的污染。冷粘法是卷材防水屋面施工工艺发展的方向。冷玛蹄脂粘贴卷材施工方法和要求与热玛蹄脂粘贴卷材施工基本相同，不同之处在于：冷玛蹄脂使用时应搅拌均匀，当稠度过大时，可加入少量溶剂稀释并拌匀；涂布冷玛蹄脂时，每层玛蹄脂厚度宜控制在0.5～1mm，面层玛蹄脂厚度宜为1～1.5mm。

5）高聚物改性沥青卷材热熔法施工

高聚物改性沥青热熔卷材是在工厂生产过程中底面即涂有一层软化点较高的改性沥青热熔胶的卷材。其铺贴时不需涂刷胶粘剂，而用火焰烘烤热熔胶后直接与基层粘结。这种方法施工时受气候影响小，对基层表面干燥程度要求相对较宽松，但烘烤时对火候的掌握要求适度。热熔卷材可采用满粘法或条粘法铺贴，铺贴时要稍紧一些，不能太松弛。施工方法有滚铺法和展铺法。

① 滚铺法是一种不展开卷材而边加热烘烤边滚动卷材铺贴的方法，常用的有：起始端卷材的铺贴；滚铺。

② 展铺法是将卷材平铺于基层，再沿边掀开卷材予以加热粘贴。此方法主要适用于条粘法铺贴卷材。

在进行热熔粘接缝之前，应先将下层卷材表面的隔离纸烧掉，以利于搭接牢固严密。所有搭接缝应用密封材料封严，徐封的宽度不应小于10mm。

在复杂部位附加增强层时，基层需涂刷一遍密封材料，以便粘贴。

6）高聚物改性沥青卷材冷粘法施工

它是在基层或基层和卷材底面涂布胶粘剂进行卷材与基层、卷材与卷材的粘结。主要工序有胶粘剂的选择、涂刷胶粘剂、铺贴卷材、搭接缝处理等。

粘胶剂一般由厂家配套供应，对单组分胶粘剂只需开桶搅拌均匀后即可使用，而双组分胶粘剂则必须严格按厂家提供的配合比例和配制方法进行计量、掺和、搅拌均匀后才能使用。

施工前应清除基层表面的突起物，并将尘土杂物等扫除干净，随后用基层处理剂进行基层处理，基层处理剂系由汽油等溶剂稀释胶粘剂制成，涂刷时要均匀一致。待基层处理剂干燥后，可先对排水口、管根等容易发生渗漏的薄弱部位均匀涂刷一层胶粘剂，涂刷厚度以1mm左右为宜。基层表面涂刷胶粘剂时，切忌在一处来回滚涂，以免将底胶"咬起"，形成凝胶而影响质量。某些卷材要求底面和基层均涂胶粘剂、涂刷时注意卷材背面的胶粘剂不得涂刷得太薄而露底，也不得涂刷过多而产生聚胶，还应注意在卷材搭接宽度的搭接缝部位不得涂刷胶粘剂而应留作涂刷接缝胶粘剂。空铺法、条粘法、点粘法应按规定的位置与面积涂刷胶粘剂。

一般要求基层及卷材上涂刷的胶粘剂达到表干程度才能铺贴卷材，施工时可凭经验确定，用手指触压胶粘剂不粘手时即可开始粘贴卷材。平面上铺贴卷材可以用滚铺法或抬铺法进行铺贴。抬铺法是将涂布好胶粘剂的卷材经过对折、抬起、对位、翻平铺压等工序把卷材贴在基层上。卷材铺贴后应平整顺直，搭接尺寸准确，不得扭曲、皱折。搭接部位的接缝应满涂胶粘剂、辊压粘结牢固，溢出的胶粘剂随即刮平封口。接缝口应用密封材料封严、密封时用刮刀沿缝刮涂，不能留有缺口，密封宽度不应小于10mm。

7）合成高分子防水卷材施工

可采用冷粘法、自粘法、热风焊接法施工。自粘贴卷材施工方法是施工时只有剥去隔离纸后即可直接铺贴；带有防粘层时，在粘贴搭接缝前应将防粘层先溶化掉，方可达到粘结牢固。

（6）保护层施工

为了减少阳光辐射对沥青老化的影响，降低沥青表面的温度，防止暴雨和冰雪对防水层的侵蚀，在防水层表面设置绿豆砂或板块等各种保护层：绿豆砂保护层；预制板块保护层；

2. 涂膜防水屋面施工

在屋面基层上涂刷防水涂料，经固化后形成一定厚度的弹性整体涂膜层的柔性防水屋面。该类防水屋面主要适用于防水等级为Ⅲ、Ⅳ级的屋面防水，也可作为Ⅰ、Ⅱ级屋面多道防水设防中的一道防水层。涂膜防水层的厚度应符合规范要求，具体做法要根据屋面构造和涂料本身性能要求而定，其施工要点如下：

（1）施工顺序如图5-9所示，涂膜防水屋面的基层表面清理、修整与卷材防水屋面基本相同。

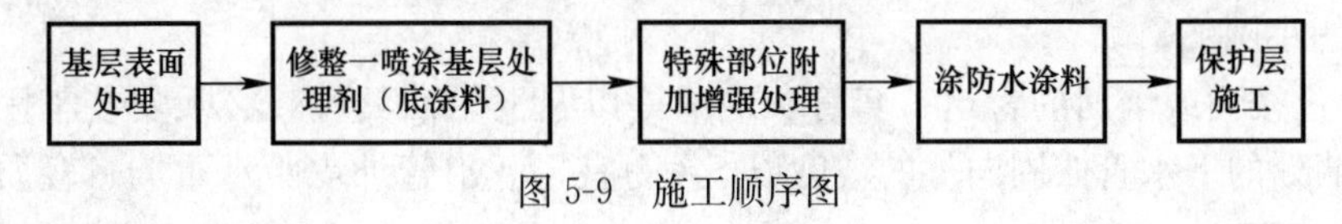

图5-9　施工顺序图

（2）喷涂基层处理剂。

（3）特殊部位附加增强处理。

（4）涂布防水涂料。

（5）保护层施工。

遇雨、雪、五级及其以上风力的天气或预计涂膜固化前可能下雨时，严禁进行防水涂膜施工。水乳型涂料的施工环境气温为5～35℃，溶剂型涂料宜为－5～35℃。

5.1.3 楼地面防水工程

楼地面防水是房屋建筑防水的重要组成部分，其防水质量的保证将直接关系着建筑地面工程的使用功能，特别是厕浴间、厨房和有防水要求的楼层地面（含有地下室的底层地面），如若发生有渗透、漏水等现象，则严重影响人们的正常活动和居住条件。因此，做好防水层（即隔离层）铺设，实为建筑地面工程中一项极其重要的大问题，不应作为质量通病来对待，规范中已列为强制条文，必须严格实施。

楼面防水按所用材料也分为柔性防水和刚性防水。柔性防水有聚氨酯涂膜、氯丁胶乳沥青防水涂料、硅橡胶防水涂料和SBS弹性沥青涂料；刚性防水是用UEA刚性砂浆。

1. 楼面防水构造要求

（1）合理设置防水层。防水层应设置在面层及其基层的下面，这样就避免了渗漏现象，改善了卫生条件，保护正常的使用功能。对有防水要求的房间应先全部铺设防水层。蹲台下找平、防水要坡向地漏。

（2）地漏标高确定原则：偏低不偏高。土建施工较易处理，使大量地面水从地漏排走，少量地面水渗到防水层再排入地漏。

（3）排水坡度应从垫层找起。垫层坡向地漏的排水坡度为2%，而地漏处的排水坡度应为2%～3%。

（4）结构层设计。对有防水要求的厕浴间、厨房等，结构层设计标高必须满足排水坡度的要求。

（5）预留、预埋管道孔位。依房间轴线确定预留、预埋管道孔位置、标高及排水坡向。将孔模具固定在模板上，待混凝土浇筑后，终凝前进行二次校核，以消除因预留位置不准而发生再凿洞，扩孔等现象。

（6）管道缝隙处理。厕浴间、厨房等楼层地面穿过管道较多，如上水管、洗浴下水管、坐便下水道、地漏、暖气管等，各种管道不易区别，对于管径较小的应一律加套管。管道（含套管）与楼板之间的缝隙，应用刚性防水砂浆勾抹，以确保穿过楼板孔洞的防水效果，套管与地面防水层之间的缝应用优质建筑防水密封膏封堵严密，以形成整体防水层。

（7）基层处理方法。

1）厕浴间、厨房等的防水基层必须用1∶3的水泥砂浆抹找平层，要求抹平压光无空鼓，表面要坚实，不应有起砂、掉灰现象。

2）厕浴间、厨房等找平层的坡度以1%～2%为宜，凡遇到阴阳角处，应抹成半径小于10mm的小圆弧。

3）穿过楼面或墙面的管道、套管、地漏等以及卫生洁具等，必须安装牢固，收头圆滑，转角墙处的下水管四周向外的坡度以5%为宜，下水管外皮距承重墙、轻质隔墙的距离分别不小于50mm和80mm。

4）基层应基本干燥，一般在基层表面均匀泛白无明显水印时，方可进行涂膜层的施工。施工时要把基层表面的尘土杂物清扫干净。

2. 柔性防水施工

以SBS弹性沥青涂料防水施工为例。其施工程序为：基层处理→细部构造加强处理→

涂刷第一遍防水涂料→铺设玻璃纤维布同时涂刷第二遍防水涂料→蓄水试验→铺设面层。

铺涂防水施工的房间，应有足够的自然光线和良好的通风条件，否则应采取技术措施；防水涂料每次用后应注意密封，并存放在阴凉处。

3. 刚性防水施工

厨、厕间采用 UEA 刚性砂浆做防水层，可以获得好的技术经济效果。UEA 砂浆厚度的微膨胀可以使垫层和防水层不裂不渗，其对面积较小的厨厕间更具有优异性，而采用大膨胀的 UEA 砂浆填充对管件与楼板等节点空隙封堵更严密，与防水层紧密连接形成整体防水结构。其施工程序为如图 5-10 所示。

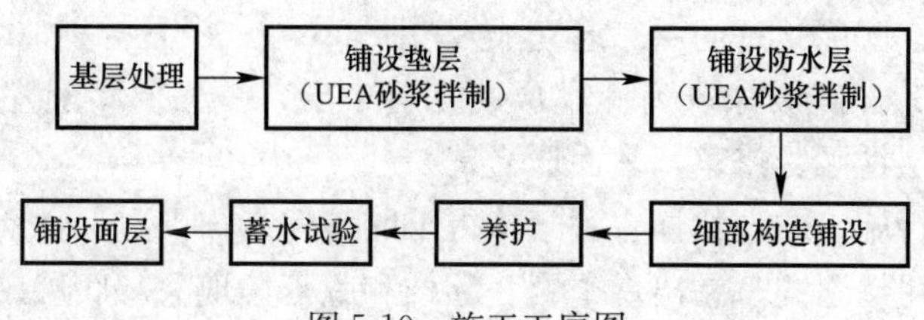

图 5-10 施工工序图

UEA 刚性砂浆的配合比可按不同的防水部位进行配制，采用人工或机械拌制砂浆，均应先将水泥、UEA 膨胀剂和砂干拌均匀，使之色泽一致后，再加水搅拌，机械拌制应在加水后搅拌 1～2min，加水量要根据现场材料、气温和铺设操作要求等进行调整，拌制好的 UEA 刚性砂浆应在 2～3h 以内铺完。防水层按四层抹面做法施工，具体方法和要求参见地下防水工程中的水泥砂浆抹面防水的刚性多层防水层施工。

另外，对于密肋复合板结构体系，密肋复合墙体是重要的构件，其防水设计应按工程要求确定。由于其组成墙体材料的各向异性，可选用水泥砂浆、涂料、金属防水层等，并采取相关防水措施。

5.2 装饰工程

建筑装饰是设置于房屋或构筑物表面的饰面层，起着保护结构构件，改善清洁卫生条件和美化环境的作用。

装饰工程按用途可分为：保护装饰（防止结构物遭受大气侵蚀和人为的污染）、功能装饰（保温、隔声、防火、防潮、防腐）、饰面装饰（美化建筑、改善人类活动环境）；按工程部位可分为：外墙装饰、内墙装饰、顶棚装饰和地面装饰；按所用材料有：水泥、石灰、石膏类，石渣类，陶瓷类，石材类，玻璃类，涂料类，塑料类，木材类，金属类等饰面层；按施工方法可分为：抹、刷、铺、贴、钉、喷、滚、弹、涂以及结构与装饰合一的施工工艺等。

装饰工程施工的主要特点是项目繁多、工程量大、工期长、用工量大、造价高，各方用户要求不同等。

5.2.1 抹灰工程

抹灰工程包括一般抹灰和装饰抹灰。由于密肋复合墙体是由钢筋混凝土小骨架和加气混凝土等填充料组成的一种复合板。因此存在着材性的差异，如何保证抹灰层均匀的粘接在密肋复合墙体上，并保证不因墙体本身存在的质量差异而引起空鼓脱落，这是在密肋复合墙体上抹灰的一个特别需要着重解决的技术问题。在密肋复合板上抹灰，先把墙面上的浮物清扫干净，再用水浇透，然后均匀的刷一层素水泥配以一定比例建筑胶的水泥浆，或刷一道聚乙烯醇缩甲醛胶水溶液，这层素水泥浆的作用是既可起到抹灰层与墙面的结合层作用，又起到防潮层的作用。

1. 一般抹灰

（1）抹灰的分段和组成

一般抹灰按建筑物使用要求和质量标准，分普通、中级和高级三级。普通抹灰为一底层、一面层、二遍完成，分层斜平、修整、表面压光；中级抹灰为一底层、一中层、一面层三遍完成（也有一底层、一面层二遍完成），阳角找方，设置标筋（又称冲筋），分层搽平、修整、表面压光；高级抹灰为一底层、儿层中层、一面层多遍完成，要求阴阳角找方，设置标筋，分层揩平、修整，表面压光。

抹灰是分层进行施工的，这样有利于抹得牢固，控制抹平，保证质量。若一次抹得太厚，由于内外吸水快慢不同，易出现干裂、起鼓和脱落等现象。底层的作用在于使抹灰与基层牢固地结合和初步找平；中层的作用在于找平墙面；面层（又称罩面）是使表面光滑细致，起装饰作用。

各抹灰层用的厚度根据基层的材料，抹灰砂浆种类、墙面表面的平整度和抹灰质量要求以及各地气候情况而定。抹水泥砂浆，每遍厚度为5～7mm，抹石灰砂浆和混合砂浆，每遍厚度为7～9mm；面层抹灰经搽平压实后的厚度：麻刀石灰不得大于3mm；纸筋石灰、石膏灰不得大于2mm。抹灰层的平均厚度控制在15～25mm，应视具体部位及基层材料而定。如现浇混凝土顶棚、板条顶棚抹灰厚度不大于15mm；预制混凝土顶棚抹灰厚度不大于20mm；外墙勒脚及突出墙面部分的抹灰厚度不大于25mm。

（2）一般抹灰常规作法和选用

一般抹灰适用于石灰砂浆、水泥混合砂浆、水泥砂浆、聚合物水泥砂浆、膨胀珍珠岩水泥砂浆和麻刀石灰、纸筋石灰、石膏灰等抹灰工程的施工。抹灰工程采用的砂浆品种应按设计要求选用，如设计无要求，应符合下列规定：外墙门窗洞口的侧壁、屋檐、勒脚、女儿墙等的抹灰用水泥砂浆或水泥混合砂浆；温度较大的房间和车间抹灰用水泥砂浆或水泥混合砂浆；混凝土板和墙的底层抹灰用水泥砂浆或水泥混合砂浆；硅酸盐砌块的底层抹灰用水泥混合砂浆；板条、金属网顶棚、墙的底层、中层抹灰用麻刀石灰砂浆或纸筋石灰砂浆；加气混凝土块和板的底层抹灰用水泥混合砂浆或聚合物水泥砂浆。一般抹灰的几种常用做法如表5-3所示。

抹灰的几种常用做法（体积比） **表5-3**

部　位	要　求	总厚度（mm）	常用做法	适用范围
内墙面	处于室内， 要求表面平整光洁	18～25	1∶3石灰砂浆底层 1∶3石灰砂浆中层 纸筋灰面层	砖墙、砌块墙
			1∶2.5石灰煤屑底层 纸筋灰面层	
			1∶3稻草石灰粘土底层 纸筋灰面层	

续表

部　位	要　求	总厚度（mm）	常用做法	适用范围
外墙面	处于露天， 要求有一定 的防水性能	20～25	1∶1∶6水泥石灰砂浆底层 1∶1∶6水泥石灰砂浆面层 1∶1∶6水泥石灰砂浆底层 1∶0.5∶4水泥石灰砂浆面层	砖墙、砌块墙
			1∶2.5水泥砂浆勾缝 （或1∶0.5∶4水泥有石灰砂浆）	
勒脚踢脚板墙裙	处于潮湿，碰撞， 防水，坚固	20～25	1∶3水泥砂浆底层 1∶2、5水泥砂浆面层	
顶棚	处于悬挂状态， 要求抹灰层薄， 粘结力强		1∶2纸筋灰黄砂底层 1∶2纸筋灰黄砂中层 纸筋灰面层	板条基层
			1∶2.4水泥纸筋灰黄砂底层 1∶2纸筋灰黄砂底层 纸筋灰面层	混凝土基层
			1∶1∶6水泥石灰砂浆底层 纸筋灰面层	机械喷涂

为了保证抹灰工程的质量，须注意砂浆的选料和备料。石灰膏应用生石灰块淋制、淋制时必须用孔径不大于3mm×3mm的筛过滤，并贮存在沉淀池内加以保护，防止其干燥、冻结和污染，冻结、风化、干硬的石灰膏不得使用。石灰熟化要有足够的时间，常温下不得少于15d，罩面石灰膏不少于30d，未熟化透的石灰碎料不得抹在墙上，否则吸收空气中的水分继续熟化而使墙面出现麻点、隆起或开裂。砂用中砂或粗砂与中砂混合掺用，要求颗粒坚硬洁净，含粘土、泥灰，粉末等不超过3%，砂在使用前应过筛。纸筋、麻刀在抹灰中起拉结和骨架作用，使抹灰层不易开裂脱落。抹灰用的纸筋应浸透、捣烂、洁净，罩面纸筋宜机碾磨细。

抹灰砂浆要求有较好的粘结力，以保持其经久而不剥落。其配合比和稠度等应经检查合格后方可使用，水泥砂浆及掺有石膏拌制的砂浆，应控制在初凝前用完。砂浆中外加剂的掺入量应由试验确定。

(3) 抹灰基层处理

为使抹灰砂浆与基层粘结牢固，抹灰前必须对基层进行处理。墙面和楼板上的孔洞，门窗框和墙连接处的缝隙应用水泥混合砂浆分层嵌塞密实。砖墙灰缝应砌成凹缝，抹灰前应清扫灰缝。灰板条墙或顶棚板条间缝隙以8～10mm为宜。平整光滑的混凝土表面可不抹灰，用刮腻子处理，如须抹灰时可刷一道纯水泥浆（可加建筑胶）以增加粘结力。水泥砂浆面层不得涂抹在石灰砂浆层上，底层应用水泥砂浆以保证结合良好。抹灰前，砖石、混凝土等基层表面的灰尘、污垢和油渍等应清除干净，并洒水湿润。加气混凝土表面抹灰前应清扫干净，并刷一遍聚乙烯醇缩甲醛胶水溶液，随即抹灰。木结构与砖石结构、混凝土结构等相接处基层表面的抹灰，应先铺钉金属网，并绷紧牢固。金属网与各基层的搭接宽度不应小于100mm，以防因抹灰层基层材料、吸水和收缩性能不同而产生裂缝。室内墙面、柱面和门洞窗口侧壁的阳角，宜用1∶2水泥砂浆做护角，每侧宽度不小于50mm。

在分层抹灰时，应使底层抹灰后间隔一定时间，让其干燥和水分蒸发后再涂抹后一层。水泥砂浆和水泥混合砂浆的抹灰层，应等前一层抹灰层凝结后方可涂抹后一层；石灰砂浆的抹灰层应等前一层7～8成干后，方可涂抹后一层。在中层的砂浆凝固之前，应在中层面上每隔一定距离交叉划出斜痕，以增强面层与中层的粘结。

（4）一般抹灰施工

抹灰施工的发展方向是机械化和工业化，但目前我国手工操作仍占主要地位。抹灰的种类虽是多种多样，但在施工操作中有它们的共同性。

1）做标志（做灰饼和冲筋）

标志就是根据砖墙砌筑平整程度找出抹灰的规矩，以保证抹灰层的垂直平整。做法是先用托线板检查砖墙平整垂直程度，大致决定抹灰厚度，最薄处一般不少于7mm。再在2m左右的高度，离两边阴角100～200mm处各做一个标志，大小为50mm见方，厚度以墙面平直度决定，一般在10mm至15mm之间。然后根据这两个标志和托线板（吊旦尺）做下面两个标志。高低位置在踢脚线上口，厚薄以托线板所挂铅垂线为准。再用钉子钉在两边标志的两头墙缝里，小线拴在钉子上拉横线，线离开标志1mm。根据小线所在位置做中间的标志，出进与两端标志一样，间距1.2～1.5m为宜，不宜太宽，否则将会耗费更多的人力和物力。

2）做标筋（冲筋）

做标筋就是在两个标志之间先抹出一长灰梗来，其宽度为100mm左右，其厚度与标志相平，作为抹底子灰填平的标准。做法是先把墙浇水润湿之后在上下两个标志中间先抹一层，再抹第二遍凸出成八字形，比标志凸出5～20mm。然后用木杠两端紧贴标志左上右下搓动，直至把标筋搓得与标志一样平为止。

3）装档、刮杠、搓平

根据已找出的规矩，大面积抹底子灰，其做法是先在两筋中间墙上薄薄抹一遍，由上往下抹，接着再抹第二遍，然后用短木杠靠在两边冲筋上，由下往上刮平。刮完一块后，用木抹子搓平。抹完后应检查底子灰是否平整，阴阳角是否方正。

4）做面层（罩面）

中级抹灰用石灰膏罩面，根据施工工艺和材料来源可用纸筋灰或麻刀灰罩面。罩面时须待底子灰5～6成干后进行。底子灰如过于干燥先浇水润湿。抹罩面灰的抹子一般用铁抹子和塑料抹子。具体做法是由阴、阳角开始，最好两人同时操作，一人竖向（或横向）薄薄刮一遍，第二人横向（或竖向）抹找平。两遍总厚度纸筋灰约2mm，麻刀灰约3mm。阴阳角分别用阴角抹子和阳角抹子抨光，墙面再用抹子压一遍，将抹子纹压平墙面压光。

高级抹灰用石膏灰罩面。

一般抹灰工程常用的施工机械有：砂浆拌合机、纸筋拌合机、粉碎淋灰机、运送抹灰砂浆用的灰浆泵、喷浆机和刮杠机。

机械喷涂可将砂浆搅拌、运输和喷涂三道工序有机地衔接起来。灰浆泵吸入拌合好的砂浆，经过管道送至喷枪，灰浆经压缩空气的作用从喷枪口喷涂于墙面上。因为机械喷射力强，砂浆与墙面的粘结强度高，工作效率高。一台HP-013型灰浆泵，其垂直运输距离达 40m，水平输送距离约 150m，每台班可输送灰浆 24m^3，假如抹灰层平均厚度 25mm，每台班可喷涂 1000m^3 左右。但机械喷涂落地灰多，清理用工多。目前的机械喷涂只适用于底层和中层，而喷涂后的找平、槎毛、罩面等工序仍须手工操作。因此，还要研究改进，以实现抹灰工程的全面机械化。

2. 装饰抹灰

装饰抹灰面层有水磨石、水刷石、斩假石、干粘石、假面砖、拉条灰、拉毛灰、洒毛灰、喷砂、喷涂、滚涂、弹涂、仿石和彩色抹灰等。

装饰抹灰的种类很多，只是面层的做法不同，底层的做法基本相同，均用 1∶3 水泥砂浆打底，厚度 15mm。底层是做好装饰抹灰的基础，施工时应拉线做标志设置标筋，应用大刮尺将水泥砂浆刮平，并用靠尺和垂球随时检查误差，以保证棱角方正，线条和面层横平竖直。装配式混凝土外墙体，其外墙面和接缝不平处以及缺楞掉角处，用水泥砂浆修补后可直接进行喷涂、滚涂、弹涂。

（1）水磨石

水磨石的施工过程是待 1∶3 水泥砂浆打底的中层砂浆终凝后，按设计要求进行弹线嵌条，（美术水磨石用铜条，普通水磨石用铝条或玻璃条），嵌条用素水泥浆在条两侧抹成八字形镶嵌牢固。分格条对缝应严密，表面要平，不能有高低起伏，弯扭现象，个别节点的高差要磨平。分格条镶嵌后经过适当的养护，再刷素水泥浆一道，即可进行摊浆。用比例适当的水泥石子浆（根据石子大小配合比为 1∶2～1∶1.25），并稍高 1～2m，面层石子浆铺设后，在表面均匀摊一层石子，拍实、压平，并用滚筒滚压，待表面出浆后，再用抹子抹平，即开始养护。

（2）水刷石

水刷石一般用在外墙装饰上，效果较好，但由于操作费工、劳动繁重、技术要求高，造价偏高已逐渐被其他装饰工艺所代替。

水刷石的施工过程是 1∶3 水泥砂浆打底后，按设计要求弹线，粘米厘条，随后将底层湿润，薄刮水泥浆一层，随后用稠度为 50～70mm，配合比当用大八厘石子时为 1∶1，中八厘时为 1∶1.25，小八厘时为 1∶1.5 进行罩面，拍平压实，使石子密实，均匀一致。待其达到一定强度后，用手按压无掐痕印时，即可用棕刷蘸水刷去面层水泥浆，使石子全部外露，紧接着用喷雾器自上往下喷水，将表面水泥浆冲掉，冲洗干净。水刷石表面如因水泥凝固洗刷困难时，可用 5% 的稀盐酸溶液洗刷，然后仍用清水洗净，以免发黄。水刷石在施工时应采取防止沾污墙面的措施。

（3）干粘石

干粘石是从水刷石演变而来的一种饰面新工艺，外观效果可与水刷石相比。施工操作比水刷石简便易学、工效高、造价低，对要求中档装饰的建筑可以推广采用。房屋底层不宜采用干粘石。

在做好 1∶3 水泥砂浆的底层上，按设计要求进行分格条的安设。粘结层砂浆的配合比为水泥 100kg，中砂 40kg，建筑胶夏季为 8kg，春秋季为 10kg，冬季为 12kg。抹粘结层砂浆时，宜分两遍，第一遍先在基层上薄薄地刮一遍，其作用同刮素灰；第二遍抹面层，其厚度为石子粒径的 80%。抹灰厚度要均匀，表面要平整，楞角要顺直饱满，不带抹子纹。灰板上的石子不可过多，要一板紧挨一板地撒，较干的地方用力大一点，较湿的地方用力要轻一点。普遍撒好一遍后，个别地方石子密度不够，可轻轻的补撒，用力不可过猛，最后进行“压、拍、滚”工艺。

（4）斩假石

斩假石，又称剁斧石，是由水泥、石料和颜料拌制石子浆，抹在建筑物或构件表面，待其凝固达到一定强度后，用斩斧、凿子等工具斩凿出平行条纹，露出天然石料，给人以天然石料的庄重、典雅、大方的印象，酷似天然石料，故称斩假石。

在作好的底层上按设计要求贴上分格条，薄薄地抹上一层掺有建筑胶的素水泥浆，随即抹上约 11mm 厚的罩面层。罩面层配合比为 1∶1.25（水泥石子，石子内掺 30%的石屑）。罩面时分两遍进行，先薄薄地抹一层，稍收水后再抹一层，使与分格条齐平，并用刮尺赶平、待收水后再用木抹子打磨压实。然后用毛刷蘸水顺剁纹方向轻刷一次。此时要防止日晒或冰冻。待罩面层的强度达 60%～80%（或剁时石子不脱落）则可进行剁斧操作。剁斧石面层的剁纹应深浅均匀，在墙角、柱子的边楞处，宜横剁出边条或留 15～20mm 的窄小边条不剁。一般剁两遍即可做出似用石料砌成的墙面。

（5）拉条灰

拉条灰是专用模具把面层砂浆做出竖线条的装饰抹灰做法，它具有美观大方、吸声效果好和成本低的特点。

拉条灰的线条形状可根据设计确定，一般分为细线条、半圆形、波纹形、梯形、长方形等，所用模具为厚 20mm，宽 70mm，长 500～600mm 的松木板，按设计要求锯成一定的凹凸形，外包镀锌铁皮，其中一端锯一缺口，拉条时沿导轨木条行走，以保证线条垂直。

该做法的操作工艺是在 1∶3 水泥砂浆底灰上按墙面尺寸弹线，划分竖格，确定拉模宽度，将导轨木条垂直平整地贴在底灰上。浇水湿润底灰后抹水泥∶砂子∶细纸筋灰＝1∶2.5∶0.5 的面层纸筋混合砂浆，（可适当加一些 107 胶）用模具从上到下拉出线条。为使罩面层光滑、密实，还可在混合砂浆面层抹一薄层 1∶0.5 水泥细纸筋灰膏，再拉线条。拉出线条后取下木条。

（6）假面砖

假面砖是掺氧化铁黄、氧化铁红等颜料的水泥砂浆通过手工操作达到模拟面砖装饰效果的饰面做法。这种工艺造价低，操作简单、美观大方，装饰效果较好，特别适用于密肋复合墙外墙饰面。

此项做法的常用面层砂浆配合比为水泥∶石灰膏∶氧化铁黄∶氧化铁红∶砂子＝100∶20∶6～8∶1.2∶150（重量比）。

操作时分三道工序流水作业。先在底灰上抹厚度 3mm 的 1∶1 水泥砂浆垫层，接着抹厚度 3～4mm 的面层砂浆，先用铁梳子顺着靠尺由上向下划纹，然后按面砖宽度用铁钩子沿靠板横向划沟，其深度 3～4mm 露出垫层砂浆即可。

（7）喷涂

喷涂饰面是在已做好的底层上，先喷刷 1∶3 的建筑胶水溶液粘结层一道，再用压缩空气（用砂浆泵和喷枪或喷斗）将聚合物水泥砂浆喷涂于墙面上形成饰面层（约 3～4mm 厚，分三遍成活）。从质感分有表面灰浆饱满，呈波纹状的波面喷涂和表面布满点状颗粒的粒状喷涂。

喷涂砂浆配合比和砂浆稠度见表 5-4。

喷涂砂浆配合比　　表 5-4

水泥	颜料	细骨料	甲基硅酸钠	木质素磺酸钙	聚乙烯胶缩甲醛胶	石灰膏	砂浆稠度(cm)
100	适量	200	4～6	0.3	10～15		13～14
100	适量	400	4～6	0.3	20	100	13～14
100	适量	200	4～6	0.3	10		10～11
100	适量	400	4～6	0.3	20	100	10～11

(8) 滚涂

滚涂饰面是将带颜色的聚合物水泥砂浆均匀涂抹在底层上，形成 3mm 厚色浆饰面层，随即用平面或带有拉毛、刻有花纹的橡胶、泡沫塑料滚子，滚出所需的图案和花纹。待面层干燥后，喷涂有机硅水溶液。滚涂还是手工操作，工效比喷涂低，但操作简便，滚涂是不污染墙面及门窗，有利于小面积局部应用。

滚涂做法的材料配合比为水泥∶骨料＝1∶0.5～1。骨料除石屑、砂子外也有采用泡沫珍珠岩的。另外还掺入水泥量 20％107 胶、0.3％木质素磺酸钙。

滚涂操作分干滚和湿滚两种方式。干滚即滚涂时滚子不沾水，滚出的花纹较大，工效较高；湿滚即滚时滚子反复均匀沾水，滚出的花纹较小，操作时间比较充裕，如花纹不匀，能及时修补，但湿滚工效较低。可根据基层情况和花纹质感选择。

(9) 弹涂

彩色“弹涂”饰面是用手动或电动弹力器，将不同色彩的水泥色浆，轮流依次弹到墙面上，形成 1～3mm 左右的圆状色点。由于色浆一般由 2～3 种颜色组成，分深色、浅色和中间色，这些色点在墙上相互交错，互相衬托，其直观立面效果犹如水刷石、干粘石。为了使饰面不褪色，保持其耐久性及耐污染性、待色点干燥后，将耐水、耐气候性较好的甲基硅树脂或聚乙烯醇缩丁醛等材料喷在面层上作保护层。“弹涂”的表面可做成单色光面、细麻面、小拉毛拉平等多种形式。加上颜色的调配，可做成许多不同质感美观的外墙饰面。

5.2.2 饰面安装工程

饰面安装工程就是将天然石饰面板、人造石饰面板和饰面砖安装或镶贴在基层上的一种装饰方法。饰面板块的种类很多，常用的有预制水磨石、大理石、瓷砖、陶瓷锦砖、面砖、缸砖、水泥砖、木地板以及花饰等项。

1. 墙面饰面安装

(1) 安装预制水磨石、大理石墙面

根据图纸要求把按规格选好的预制水磨石、大理石在平地上先行试拼校正尺寸。一般情况下小块料（如踢脚线）采用粘贴的方法；大块材（边长大于 40cm）或镶贴墙面较高时，均要在基层结构表面上事先绑扎 Φ6 钢筋骨架，把块材用铜丝或铅丝与钢筋骨架绑牢，然后灌水泥砂浆。

1) 小规格块料的粘贴方法

用 1∶3 水泥砂浆打底，按规矩，厚约 12mm 抹好后，用短杠刮平，划毛，待底子灰凝固后，将已经湿润完的石板抹上厚度为 2～3mm 的素水泥浆粘贴，用木锤轻敲，用靠尺、水平尺找平。

2）大规格块料的安装方法

将大理石板或预制水磨石板下的上下侧面两端各钻直径 5mm，深 12mm 的圆孔，用木楔把铜丝或铅丝楔紧在内，也可以钻成像奔子孔，将铜丝或铜丝穿入孔内，按照事先找好的水平度和垂直度，先在最下一行两头找平，拉上横线，从阳角或中间一块开始，用铜丝或铅丝把板材与结构表面的钢筋骨架绑扎固定，离墙留 2cm 左右的空隙，然后向两侧安装。再用托线板靠直靠平，用纸或石膏将底下及两侧缝隙堵严，上下口的四个角都用石膏临时固定，较大的板材固定时要加支撑。固定后用 1∶2.5 水泥砂浆分层灌注，每次灌浆高度约为 20～30cm，灌浆接缝应留在饰面板的水平接缝以下 5～10cm 处，待终凝后灌第二次。第一行灌完浆将上口临时固定石膏剔掉，清理干净后再安装第二行，依次逐行往上操作。安装墙面时必须保持板与板交接处的四角平整。汉白玉、大理石、灌浆时应用白水泥，以防变色，影响质量。

（2）安装预制水磨石、大理石窗台板

先校正窗口，在窗口两边按图纸要求的尺寸在墙上剔槽，多窗口的房间要拉通线抄平。若有晴炉片槽，且窗台板长向由几块拼成时，应在窗台板下预埋角铁、预埋铁件用标号较高的豆石混凝土灌筑，过一周后再进行安装，窗台板接槎处注意平整。安装时先浇水湿润墙面，板材浸水阴干，然后在墙上铺 1∶3 干硬性水泥砂浆或豆石混凝土并找平。最后安装板材，待镶铺平稳后，用 1∶3 水泥砂浆或豆石混凝土将两头剔槽处的缝隙塞严。

（3）镶贴墙面瓷砖

墙面扫净浇水湿润（如吸水快，抹前再浇水），用 1∶3 水泥砂浆打底厚 6mm，就手带毛（俗称刮铁板缝）。打完底后再找规矩，先用水平尺找平，再量出镶贴瓷砖的面积，算好纵横的度数，划出度数杆，定出水平标准。瓷砖墙裙应比已抹完灰的墙面突出 5mm，按此用废瓷砖抹上混合贴灰饼，贴灰饼时将砖的棱角翘出，以楞角作为标准，上下用托线板挂直，横向用长的靠尺板找小线拉平、灰饼间距在 1.5m 左右，在门口或阳角处的灰饼除正面外靠阳角的侧面也要挂直，称为两面挂直。

打完底后 3～4d 开始贴瓷砖，根据皮数杆在最下面一皮砖的下口放好垫尺板，用水平尺检验作为贴第一皮砖的依据。

按规格、颜色挑选一致的瓷砖用水泡透取出阴干，由下往上贴，用 1∶0.3∶3 混合灰涂在砖的瘩面，放在垫尺板上口，贴在墙上，用小铲把敲平，亏灰用靠尺板按灰饼靠平。贴好底层一皮砖用靠尺板横向靠平，不时用小铲把敲平，亏灰时应取下砖添灰重贴，不得在砖口处塞灰，否则会产生空朦。

贴好后进行质量检查，然后用清水冲洗墙面，再用棉丝擦净，缝子用白水泥擦干。潮气太大或被水浸泡的部位如地下室、游泳池等用 1∶1.5～1∶2 水泥砂浆镶贴瓷砖。

（4）外墙面贴面砖

检查墙面并清扫干净，墙面凹凸过大的地方，用 1∶3 水泥砂浆打底（厚约 6mm），抹时带毛。

打完底后用混合灰涂在面砖背面作灰饼，挂线的方法与外墙抹水泥砂浆一样，但粘结层不小于 10mm，阳角处要双面挂直，灰饼的间距不能大于 1.5m。

贴面砖前应先将表面清扫干净，然后放入水中浸泡。镶贴时应将面砖晾于或擦干后方可使用。开始贴时先按水平线垫平尺板。操作基本同于瓷砖，不同的是粘贴灰浆用 1∶

0.2：2 水泥石灰砂浆，贴完一皮后须将上口灰刮平。

镶贴釉面瓷砖可用聚合物水泥浆，其配合比为 10：0.5：2.6（水泥：107 胶：水，重量比），待底层凝固后，再抹上厚 2～3mm107 胶水泥浆粘结层，然后镶贴釉面瓷砖。可以抹一行或数行浆，接着贴一行或数行瓷砖。可用手轻压，并用橡皮锤轻轻敲击，使其与基层粘结密实牢固。

（5）陶瓷锦砖（马赛克）墙面

陶瓷锦砖原料成品是均匀地将小块瓷砖的面层贴在一张 30cm 见方的纸上，操作时要准备能放下四张陶瓷锦砖的木垫板，拍实用的柏板以及拔缝用的开刀，其他工具同贴瓷砖的用具。

打底和抹水泥砂浆相同，其中包括挂线、贴灰饼、冲筋、刮平，划毛和浇水养护等项。底子灰用 1：3 水泥砂浆，厚 12mm。

贴陶瓷锦砖前，根据高低弹若干水平线，弹水平线时应计算陶瓷锦砖的块数，使面线保持整齐。如分格，按高度均分，根据设计要求和陶瓷锦砖的规格定出缝的宽度，再加工米厘条。

贴陶瓷锦砖时在打好的底子上浇水润湿，在已弹好水平线的下口支一根垫尺，先刷水泥浆一遍，再抹 2～3mm 厚纸筋灰水泥浆，配合比为纸筋：石灰膏：水泥浆＝1：1：8，刮抹平整后由下往上贴陶瓷锦砖，缝子要对齐，贴完后将拍板放在已贴好的陶瓷锦砖上，用小锤轻敲拍板，然后将陶瓷锦砖的护面纸用软毛刷润湿揭开，检查缝子大小，对弯弯扭扭的缝拨正。

最后一道工序是擦缝，用刷子蘸素水泥浆在铺好的陶瓷锦砖表面刷一遍，将小缝刷严，起出米厘条的大缝用 1：1 水泥砂浆勾严，再用棉纱擦净。

2. 地面饰面安装

（1）预制水磨石、大理石地面

首先，房间四边取中，在地面标高处拉十字线。将石板浸水阴干，于十字线交接处铺上 1：4 的干硬性水泥砂浆厚约 3cm，先试铺；合格后再揭开石板，翻松底层砂浆，浇水，再撒一层水泥干面，然后正式镶铺。安好后应整齐平稳，横竖缝对直，图案颜色必须符合设计要求。不合格时起出补缝再行铺装。卫生间、浴室、厨房地面要找好坡，以防积水。

缝子先用水泥浆灌 2/3 高度，再用对好颜色的水泥浆擦严。然后用干锯末再擦亮，再铺上锯末或席子将地面保护起来，2～3d 内禁止上人，4～5d 内禁止走小车。

（2）陶瓷锦砖地面

在清理好的地面上，找好规矩和泛水，扫好水泥浆，再按地面标高留出陶瓷锦砖厚度做灰饼，用 1：3～1：4 干硬性水泥砂浆（砂子为粗砂）冲筋、装档、刮平厚约 2cm，刮平时砂浆要拍实。撒上一层水泥面再撒些水将锦砖铺上。

陶瓷锦砖地面宜一次一整间镶铺。如果一次不能铺完，须将接槎切齐，余灰清理干净，交活后第二天铺上干锯末养护，3～4d 后可上人。

（3）瓷砖地面

准备工作同陶瓷锦砖地面。铺砖时，在刮好的底子灰上撒一层薄薄的素水泥，稍洒点水，然后用水泥浆涂抹瓷砖背约 2cm 厚，一块一块地由前往后退着贴，贴砖时用小铲的木把轻轻敲击，铺好后再用小锤拍板击一遍，用开刀和抹子拔缝，扫掉表面灰，用棉纱擦净。

留缝的做法是刮好底子，撒上素水泥浆后按分格的尺寸弹上线，铺好一皮，横缝将米厘条放好；竖缝接线走齐，并随时清理干净，米厘条随铺随起。铺完后第三天用1∶1水泥砂浆勾缝，24h内防止被水浸泡。露天作业时要防雨。

5.2.3 油漆工程

1. 常用建筑油漆

(1) 清油：又名鱼油、调合油，是用干性植物油或干性油加部分半干性植物油经熬炼，并加入催干剂而制成的成品油，可作为厚漆和防锈漆调配时的油料用，也可单独使用，但油膜柔软，易发粘。

(2) 自配清油：是用熟桐油加稀释剂配成，冬天还加入适量催干剂。还可根据不同颜色的面层要求加入适量颜料成为带色清油。它在油漆施工中打底用。

(3) 厚漆：又称铜油，有红、白、绿、黑等色。它是用颜料与干性油混合研磨而成的，需要加油、溶剂等稀释后才能使用。多用打底，也可单独作面层涂刷。

(4) 调合漆：分为油性和磁性两类。油性调合漆是用干性与颜料研磨后，加入催干剂及溶剂配制而成，适用室外面层涂刷。磁性调合漆是甘油松脂，干性油与颜料研磨后，加入催干剂，溶剂配制而成。适用室内面层涂刷。调合漆有大红、奶油、白绿、灰、黑等色，不需调配，使用时只需调匀或配色，稠度过大时可用松节油或200号溶剂汽油稀释。

(5) 清漆：是一种不含颜料的，以树脂作为主要成膜物质的透明油漆。清漆分两类：油基清漆和树脂清漆。油基清漆俗称凡立水，其中含有干性油，如钙醋清漆、酯胶清漆、酚醛清漆、醇酸清漆等；树脂清漆不含干性油，如早胶清漆等。

(6) 磁漆：磁漆是清漆加颜料制成的，干后呈磁光色彩，因此得名。各种磁漆所用树脂与相应各种磁漆基本相同。常用的磁漆有：

1) 酚醛漆性能同酚醛清漆，适用于高级建筑中涂饰室内外一切木材、金属表面。

2) 醇酸磁漆在耐光、耐磨、坚韧性等方面比酚醛磁漆好。适用于高级建筑的金属、木装修和家个等面层徐饰。

(7) 防锈漆：有油性防锈漆和树脂防锈漆两类。油性防锈漆是以精炼干性油，各种防锈颜料经混合研磨加入溶剂，催干剂而制成的。其特点是油脂的渗透性、湿润性较好，漆膜经充分干燥后附着力、柔韧性好。树脂防锈漆以各种树脂作主要成膜物质，有红丹酚醛防锈漆、红丹醇酸防锈、锌黄醇酸防锈等。防锈漆主要用于涂刷钢铁结构、钢材器材表面，作为防锈打底之用。

(8) 聚酯酸乙烯乳胶漆：是用聚醋酸乙烯乳液、颜料、填料等主要原料加水调制而成，其中还含有少量防冻剂、防锈剂、防霉剂、消泡剂、分散剂，是一种以水代替溶剂，以合成树脂代替植物油的新型水性涂料，是一种优良的墙漆。

2. 油漆施工

油漆施工包括基层准备，打底子，抹腻子和涂刷等工序。

(1) 基层准备：即材质的表面处理。木材表面应清除钉子、油污等，除去松动节疤及脂囊，裂缝和凹陷处均应用腻子填补。金属表面的灰尘、油渍、鳞皮、锈斑、焊渣、毛刺等应清除干净。基层如为混凝土和抹灰层应干燥，含水率不得大于96%，需待水分挥发，盐分固定后方能涂漆。混凝土和抹灰面应洁净，不得起皮、松散等缺陷，粗糙处应磨光，缝隙和小孔洞等就用腻子补平。

(2) 打底子：目的是使基层表面有均匀吸收色料的能力，以保证整个油漆面的色泽均匀一致。

(3) 抹腻子：腻子是同涂料、填料（石膏粉、大白粉）、水或松香水等拌制成的膏状物。抹腻子，应坚实牢固，不得有起皮和裂缝。抹腻子的目的是使表面平整。对于高级油漆施工，需在基层上全面抹底层腻子，待其干燥后用砂纸打磨，然后再满抹腻子，再打磨，磨到表面平整为止。有时还要和涂刷油漆交替进行。所有腻子，应按基层、底漆和面漆的性质配套选用。

(4) 涂刷油漆：油漆的工作粘度，必须加以控制，使其在涂刷时不流坠，不显刷纹为宜。涂刷过程中，不得任意稀释，最后一遍油漆不宜加催干剂，在涂刷油漆时，等待油漆干燥再进行下一遍是重要一环。油漆干燥得当，可达到均匀而密实的涂层，如果干燥不当，会造成涂层起皱、发粘、麻点、针孔、失光、泛白等弊病。所以掌握各种漆的干燥性能给以必需的干燥条件。

一般油漆工程施工时的环境温度不宜低于10℃，相对湿度不宜大于60%。当遇有大风、雨、雾情况时，不可施工。采用机械喷涂油漆时，应将不油漆的部位遮盖，以防沾污。

5.2.4 刷浆工程

刷浆是用水质涂料（以水作为溶剂）喷刷在抹灰层或物体等表面上。水质涂料的种类较多，常用的有石灰浆、大白浆、可赛银浆、聚合物水泥浆、水溶性涂料和无机涂料等。

刷浆之前，基层表面必须干净、平整、所有污垢、油渍、砂浆流疤以及其他杂物等均应清除干净。表面缝隙，孔眼应用腻子填平并用砂纸磨平、磨光，需要刷浆的基层表面应当干燥，如局部湿度过大，应予烘干。刷浆涂料的工作稠度必须加以控制，使其在涂刷时不流坠，不显刷纹；刷涂时宜小些，喷涂时宜大些。室内刷浆按操作工序和质量要求分为普通、中级、高级三级。对于较高级的其操作工序中满刮腻子和磨平的遍数相应增多，高级刷浆工程必要时可增刷一遍浆。刷浆、喷浆都要求表面颜色均匀，不显刷纹与喷点，不产生脱皮、掸粉、泛碱、咬色和没有漏刷、透底等现象。

5.2.5 裱糊工程

裱糊工程中常用的有普通壁纸、塑料壁纸和玻璃纤维墙布。从表面装饰效果看有仿锦缎、静电植绒、印花、仿木、仿石等。

塑料壁纸的裱糊工艺过程如图5-11示。

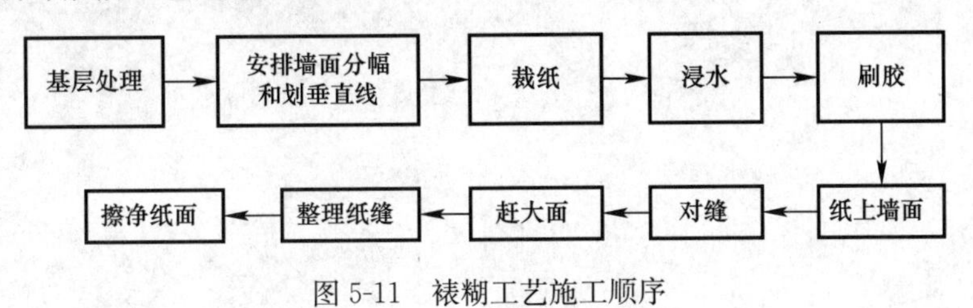

图5-11 裱糊工艺施工顺序

1. 基层处理：要求基层基本干燥，混凝土和抹灰层含水率不得大于8%。裱糊面应将基体或基层表面的污垢、尘土清除干净，不得有飞刺、麻点和砂粒。对于局部麻点、凹坑须披腻子，应坚实牢固，不得起皮和裂缝。然后满刷一遍1：1的建筑胶水溶液（不加纤维素）作为底层，待干后才能糊纸。

2. 裁纸：塑料壁纸应按房间大小，产品类型及图案、规格尺寸进行选配。墙面应采用整幅裱糊，不足一幅的应裱糊在较暗或不明显的部分，阴角处接缝应搭接，阳角处不得有接缝。在底胶干后弹垂直线作为裱糊时的准线。根据实际尺寸统筹裁纸，纸幅应编号按顺序粘贴。分幅拼花裁切时要照顾主要墙面花纹的对称完整，对缝和搭缝。裁切的一边只能搭缝不能对缝。裁边应平直整齐，不得有纸毛、飞刺、并妥善卷好平放。

3. 浸水和刷胶：塑料壁纸吸水后能伸胀（即湿膨胀），如在干纸上刷胶立即裱糊上墙，会出现大量皱折，不能保证质量。将塑料壁纸放入水槽中浸泡约三分钟取出，把多余的水抖掉再静置约20分钟。这个办法比刷水闷湿的办法省工，且能使塑料壁纸充分伸胀。然后将基层表面和壁纸背面均应涂刷胶粘剂，刷胶薄而均匀。裱糊塑料壁纸用的胶结剂，可先用（1）聚乙烯醇缩甲醛（甲醛含量450%）：羧甲基纤维素2.5%溶液：水＝100：30：50（重量比）或（2）聚乙烯醇缩甲醛：水＝1：1（重量比）。

4. 裱糊：壁纸纸面对折上墙，纸幅要垂直，先对花，对纹拼缝，由上而下赶平、压实。多余的粘结剂挤出纸边。及时抹净，保持整洁。局部粘结不牢，可补刷建筑胶粘结。

裱糊工程的材料品种、颜色、图案应符合设计要求。表面应色泽一致，不得有气泡、空鼓、翘边、皱折和斑污、斜视时无胶痕；各幅拼接不得露缝，距墙面1.5m处正视，不显拼缝，拼缝处的图案和花纹应吻合，壁纸的搭接应顺光，不得有漏贴、补贴和脱层等缺陷。

裱糊过程和干燥前，应防止穿堂风的直接作用和温度的剧烈变化，施工时温度不应低于5℃。

密肋复合板结构装饰工程，若条件允许时，可在墙体制作完成后，加做饰面层，具体方案尚需进一步探讨。

第 6 章　密肋复合板结构工程质量控制与管理

工程建筑是人们日常生产和生活依赖的场所，建筑工程质量关系到国家和人民的生命、财产安全，关系到工程项目投资能否成功。工程质量在建筑工程中占有重要的地位，是基本建设投资效益实现的保障。随着经济建设的高速发展，建设规模的迅猛增长，建设队伍的不断扩大，建筑工程质量已成为全社会关注的焦点，而质量控制与管理是工程项目管理的核心，是保证工程项目质量的有效方法。

6.1　工程质量控制理论与方法

根据我国国家标准（GB/T）和国际标准（ISO），质量是指“反映产品或服务满足明确或隐含需要能力的特征和特性的总和”。项目施工质量是贯穿于项目施工全过程的工程质量，项目施工形成的产品不仅能满足用户从事生产或生活的需要，而且必须达到项目设计、规范和合同规定的质量标准。

工程质量控制是为了保证工程质量且满足工程合同规范标准所采取的一系列措施、方法和手段。工程质量控制的依据主要为工程合同、设计文件、技术规范规程规定的质量标准等。

6.1.1　工程质量控制理论

1. 全寿命质量控制

（1）全寿命质量控制的理念

全寿命质量控制指建筑工程从立项、可行性论证、总体规划与布局、结构设计、工程施工、结构使用与维修管理、直至报废与后处理，构成了工程项目的“全寿命”周期，工程质量问题贯穿于“全寿命”的始终。

密肋复合板结构是一种新型节能建筑，其全寿命期的质量控制与施工建造技术和管理方法的研究显得尤为重要。质量问题不仅是狭义的工程事故，而且还包括一切不满足构造的安全性、适用性和耐久性的时间与空间要求的问题。工程项目的全寿命周期如图 6-1 所示。

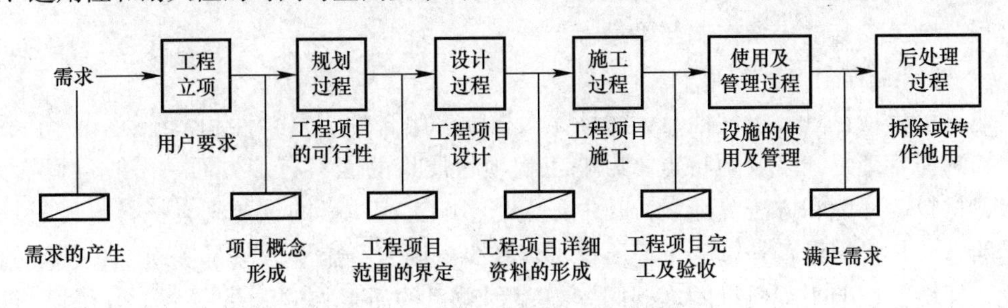

图 6-1　工程项目的全寿命周期

（2）全寿命质量控制的缘由

建设项目管理是以工程的建设过程为对象，对于新型的结构体系而言，进行建设项目全寿命质量控制对其质量控制理论的应用研究具有重要的意义，其主要缘由在于：

1）新型结构体系科技含量高，是研究与开发、建设与运营的结合，其建设过程，特别是施工过程具有一定特殊性，且项目投资管理、经营管理、资产管理的任务和风险较大。项目从构思、目标设计、可行性研究、设计和建造，直到运营管理的全过程一体性的要求增强。

2）对于新型结构体系的推广应用，作为投资管理主体的业主，负责项目的前期策划、规划、融资、建设管理、运营管理和归还贷款。管理的对象就是一个从构思开始直到工程运营结束全寿命期的建设项目。

3）在国际上，业主要求建筑业能像其他工业生产部门一样提供以最终使用功能为主体的服务，要求一个或较少的承包商提供从项目构思到运营管理的全过程服务，以降低成本，缩短工期，减少投资风险。

4）工程承包和经营方式的变化。近十几年来工程承包业出现一些新的承包模式，如“设计-供应-施工”总承包方式，承包商通过参加 BOT（Build Operate Tranfer）项目，签订目标合同等承担项目的咨询（策划）、设计、施工和运营管理责任，与工程的最终效益挂钩。使得现代建设项目的寿命期向前延伸和向后拓展，要求进行全寿命期的项目管理。

5）传统的建设项目管理以建设过程为对象，以质量、工期、成本（投资）为核心的三大目标，由此产生了项目管理的三大控制。由于目标的局限性，造成项目管理者的思维重于现实并且视野太低，同时造成项目管理过于技术化的倾向。使得项目管理论的发展和科学体系的建立发展迟缓。

6）建设项目的价值是通过建成后的运营实现的。若无全寿命期的目标会使建设项目的全过程不连续，造成项目参加者目标的不一致性以及组织责任的离散化；使人们不重视建设项目的运营，从而忽视建设项目对环境、社会和历史的影响，不关注工程可维护性和可持续发展的能力。

7）建设和项目通过它的服务和产出满足社会的需要，促进社会的发展。现代社会对建设项目与环境的协调和可持续发展的要求越来越高，要求在项目建设和运营使用的全寿命周期内安全可靠。

2. “三全”质量控制

“三全”质量控制指在建设项目质量形成的过程中要进行全面的质量管理，即全方位、全过程、全员参与的质量控制与管理。

1）建筑工程全方位控制

建筑工程项目具有单件性、大额性、多样性、组合性、复杂性和系统性，决定了工程质量控制与管理复杂多变的特点。影响工程项目质量的因素有多方面，一般可概括为人、机械、材料、环境和方法等因素，其中：人是影响工程质量的首要因素；材料质量是工程质量的基础；机械设备是影响工程质量不可缺少的因素；施工方法是实现工程质量的重要手段；环境是影响工程质量的客观因素。工程项目的质量控制，是一个全方位控制过程，项目管理人员应采取有效措施，确保工程的质量进行有效的控制。

2）建筑工程质量全过程控制

建筑工程全过程质量控制是根据工程质量的形成规律，从源头抓起，进行全过程推进，其包含建筑工程的投资决策、勘察设计、建筑施工和工程验收四个阶段，每一环节都必不可少。工程质量也是决策质量、设计质量、施工质量，工程验收质量与使用质量的综合反映。

① 建筑工程投资决策阶段质量控制；制定明确目标，采取组织、技术、经济等一系列措施，进行事前预控。

② 建筑工程勘察设计阶段质量控制。通过对拟建工程的岩土工程勘察，在工程项目设计阶段，是根据项目决策阶段已确定的质量目标和质量水平，通过工程设计使其具体化。

③ 建筑工程施工阶段质量控制。

施工阶段全过程质量控制可分为三个环节：一是事前的质量控制，事前控制是在正式施工前进行的质量控制，其控制的目的是强调质量目标的计划预控以及按质量计划进行质量活动前的准备工作状态的控制；二是事中的质量控制，事中控制是针对工程质量形成过程中的控制；三是事后的质量控制，事后控制是指对施工过程所完成的具有独立功能和使用价值的最终产品及有关方面的质量进行的质量控制。事后控制的重点是发现施工质量方面的缺陷，并通过分析提出施工质量改进的措施，保持质量处于受控状态。这三大环节相辅相成，互相促进，共同构成一个有机的组织系统。

④ 建筑工程质量验收阶段质量控制。建筑工程质量验收是对已完工程实体的外观质量及内在质量按规定程序检查后，确认其是否符合设计及各项验收标准的要求，是能否交付使用的一个重要环节，正确地进行工程项目质量的检查评定和竣工验收，是保证工程质量的重要手段。

⑤ 建筑工程使用质量控制，是指已建工程在使用期进行维护、管理等以保障正常使用。

3）建筑工程质量全员控制

要做好建筑工程质量控制管理，须强化所有参建人员的质量意识。我国《建设工程质量管理条例》规定“建设单位、勘察单位、设计单位、施工单位、工程监理单位依法对建设工程质量负责”。即所有参与工程建设的单位与工作者都要对工程质量负责。

6.1.2　工程质量控制方法

1. 工程质量控制方法的选用

工程质量控制方法是以数理统计理论为基础的方法，在选用时应注意其特点。

（1）建筑工程施工大多以手工操作为主，机械操作为辅。选用质量控制方法时须充分考虑手工操作者与操作规程要求及其适用度，不能盲目地套用工业化生产质量控制时所选用的方法。

（2）对于不同类型工程的勘察、设计和施工，由于各具其特性，且工序繁杂，有一定的难度，因此选用质量控制方法时应抓住“关键的少数”。有针对性地选用并注意方法的应用效果。

（3）建筑工程施工一般要投入大量的人力，影响质量的主要因素是人。因此，在选用质量控制方法时应考虑那些易于掌握的，有利于控制人为因素的方法。

（4）建筑工程施工露天作业多，受环境条件影响大。因此，要特别选用有利于分析和控制环境因素的质量控制方法。

2. 工程质量控制的基本方法

常见的质量控制方法主要有分层分析法、调查表法、排列图、因果分析图、散布图、直方图法及控制图等，可实现对工程质量的静态与动态控制。结合密肋复合板结构特点，常用的质量控制方法主要有：

（1）分层法

分层法是根据质量问题研究的对象和目的，对影响质量的相关因素进行归纳和调查分析，找出影响质量的主要因素后，继续进行层次划分，逐级深入，直至分析结果满足控制需求即可。分层法划分的依据有：工程类型、施工时间、施工方法、生产材料、地区、工序、组织作业、合同结构等。例如对某工程中的钢筋加工，采用分层法绘制表格，如表 6-1 所示。

分层法统计表格　　**表 6-1**

作业工人	抽检点数	不合格点数	个体不合格率	占不合格点总数百分率
A	20	2	10.0%	16.7%
B	30	8	26.6%	66.6%
C	20	2	10.0%	16.7%
合计	70	12	—	100%

（2）直方图

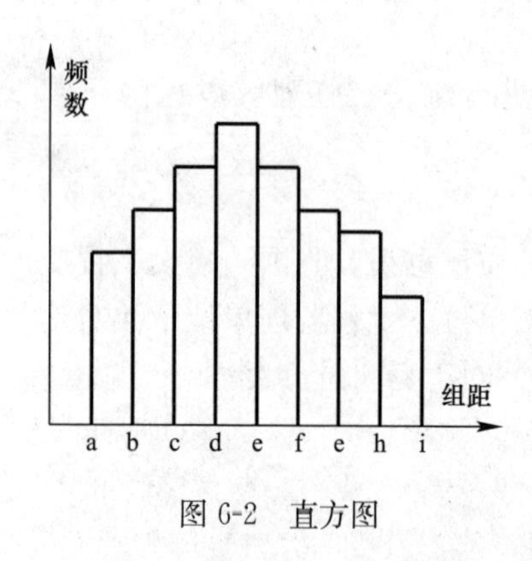

图 6-2　直方图

在施工过程中，收集一定量的能反映质量属性特征的数据，根据数据绘制出直方图，通过数据的分布特征，即数据分布的离散、集中程度，从中分析质量状态，判断出施工质量是否处于正常、受控状态。直方图的纵轴为质量属性特征数据的频数，横轴通过质量属性特征数据的平均值和标准偏差计算后进行区间分布（图 6-2）。通常情况下，正常的质量直方图呈正态分布，当出现异常直方图时，如双峰型、折齿型、缓坡型、峭壁型等，造成此种情况的原因是：在绘制直方图时的收集数据阶段出现问题或者施工过程中系统因素影响了质量。通过直方图，可以分析出质量不合格的原因，进而采取补救措施进行纠正处理。

（3）排列图

排列图也称为主次因素排列图，是分析找出影响质量主要因素的方法，在施工过程中对试件或成品墙板进行抽样检验，对出现质量缺陷、质量偏差和不合格的产品，根据质量属性特征数据进行统计，通过绘制排列图，分析出产品各质量属性受到系统因素影响的程度，然后采取有针对性的措施，加强对质量属性值反映出的主要因素和次要因素的控制。排列图的绘制是在大量收集不合格产品的质量属性特征数据的基础上，按其不合格点、缺陷点、偏差点的频数从大到小的顺序进行排列，纵轴为各质量属性特征的频数，平行于纵轴的轴线为其累计频率，横轴为质量属性特征分类（图 6-3），在实际中，通常按累计频率划分为三个区间（C 类：0%～80%，B 类：80%～90%，A 类：90%～100%），分别表示受到影响的主要质量问题、次要质量问题和一般质量问题。

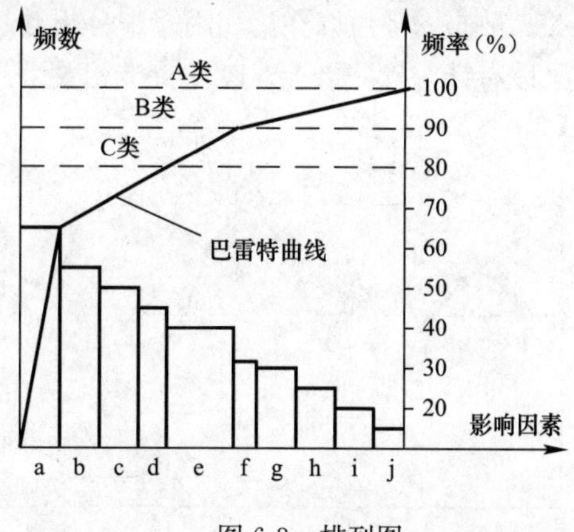

图 6-3 排列图

(4) 因果图

因果图法，也称为质量特性要因分析法，表示为鱼刺图（图 6-4），其核心思想是对质量缺陷、质量偏差和不合格的产品，系统的罗列出所有的质量属性特征或问题，然后针对每一个质量属性特征和问题，根据因果关系，逐层整理归纳出所有的影响因素，然后进行分析和排查工作，最后确定出系统中的主要矛盾（即主要影响因素），制定出有针对性的措施，纠正质量偏差。在工程实际中，任何质量问题都是由多种因素综合产生的结果，因此在分析时，将这些原因从大到小分别排列在各主次枝干上，可以系统性的发现主要影响要素，解决工程中存在的质量问题，达到控制工程质量的目的。

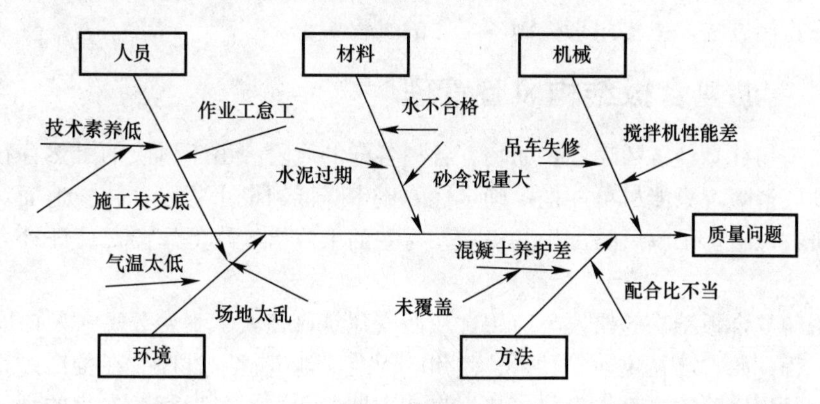

图 6-4 因果图

密肋复合板结构工程质量控制中应用因果分析图的一般流程为：先制定各工程质量控制程序框图，在其过程中进行因果分析，绘制因果分析图；进而制定其工程质量对策表，以达到质量检验评定标准。对于密肋复合板结构工程质量控制中的墙体工程质量控制先进性墙体工程质量预控，再绘墙体工程因果分析图，然后作墙体工程质量对策表及墙体工程质量检验评定标准。根据因果关系，逐层整理分析、归纳、推理，确定主要矛盾，制定针对性措施，纠正质量偏差。其主要影响因素包括：人员、材料、机械、环境和方法。

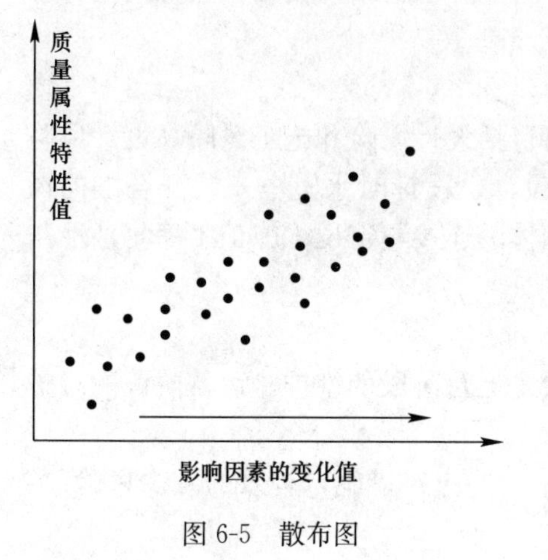

图 6-5 散布图

(5) 散布图

散布图是分析两种变量之间相关关系的一种方法，纵轴代表质量属性特征值，横轴表示影响因素的变化值（图 6-5）。散布图一般有六种形态：弱正关系、弱负关系、强正关系、强负关系、不相关、曲线相关。散布图还可以在诸多因素中分析并找出和质量属性特征具有某种特定关系的因素，继而采取有针对性的措施，改变特定相关因素的变化，达到控制质量属性特征值变化的目的。

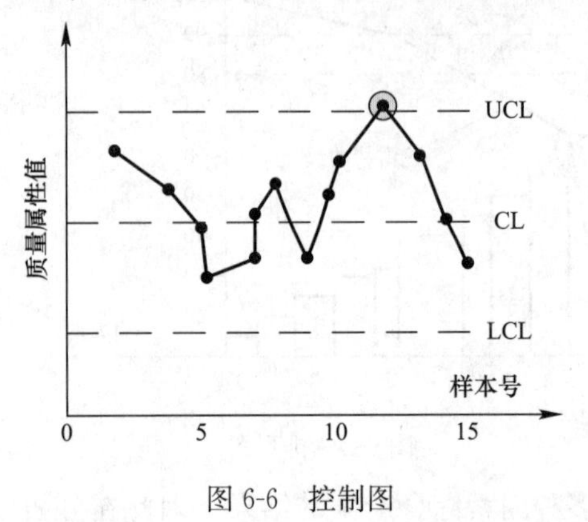

图 6-6　控制图

(6) 控制图

控制图是通过对生产过程中的产品质量进行监控抽样和特征值表示，判断生产状态是否处于预期控制界限之内的有效方法（图 6-6）。当质量波动超出预期控制界限时，分析原因，找出影响因素，采取针对性的改进措施，保证生产的质量。控制图可以起到稳定生产，积极预防的效用。控制图的纵轴表示产品质量属性特征值，平行与横轴的三条直线，分别是控制上限，中心线，控制下限。

通过分析不同状态下统计资料的变化，判断不同因素是否有异常而影响工程质量，以便及时发现异常因素并采取措施加以控制，从而保证工序处于正常状态。控制图是一种综合系统动态控制方法，主要用来控制各工序的工程质量。

6.2　密肋复合板结构风险管理

人们在一切社会经济活动中，面临着各种各样的风险。由于风险的天然存在性，并不可能将其彻底消除，只能尽可能把不确定性的概率降低到最小程度。积极地面对风险、认识风险、研究风险，了解风险产生的机理，有效的采取措施降低风险，保证社会生产顺利的进行。

对于密肋复合板结构的研发与应用，从西安建筑科技大学 1 号公寓楼及西安更新街小区为试点工程开始，已在陕西、甘肃、兰州、河北等地进行了推广。在推广过程中，除了自然风险，政治风险等风险因素外，从全寿命周期考虑，通过对相关专家的拜访调查，风险的因素分为相互联系、相互影响的三个阶段：决策阶段、实施阶段和使用阶段。

1. 决策阶段风险

密肋复合板结构体系在决策阶段存在的风险主要是投资风险。投资风险的主要因素有：密肋复合板结构体系在政府政策上存在的风险；密肋复合板结构在社会认可度上存在着风险；密肋复合板结构体系存在着即时效益风险。

2. 实施阶段风险

密肋复合板结构体系在实施阶段存在的风险主要包括设计风险和施工风险。设计风险的主要因素有：密肋复合墙体的设计；预留孔洞的设计；设计时水暖电安装配合上的风险。施工风险的主要因素有：墙体的生产与养护；墙体的连接与定位；施工工序复杂性与施工人员业务素质。

3. 使用阶段风险

密肋复合板结构体系在使用阶段存在的风险主要是运营阶段的维护。运营阶段的维护主要因素有：保障性风险与运营成本的风险。

对于不同阶段的风险，应考虑其关联性，采取相应的应对措施，有效的减少风险度，进行科学管理，促进密肋复合板结构的发展与应用。

6.3 施工与验收

工程施工质量验收是工程建设质量控制的一个重要环节，它包括工程施工质量的中间验收和工程的竣工验收两方面。通过对工程建设中间产品和最终产品的质量验收，从过程控制到终端把关进行工程项目的质量控制，以确保达到业主所要求的使用价值，实现建设投资的经济效益和社会效益。工程项目的竣工验收，是项目建设程序的最后一个环节，是全面考核项目建设成果，检查设计与施工质量，确认项目能否投入使用的重要步骤。竣工验收的顺利完成，标志着项目建设阶段的结束和生产使用阶段的开始。结合《建筑工程施工质量验收统一标准》GB 50300 及建筑工程其他专业验收与密肋复合板结构技术规程要求，对密肋复合板结构相关分部分项工程进行质量验收。

6.3.1 板类预制构件工程

1. 构件生产之前，必须有完整的操作工艺设计，其中包括钢筋、型钢、保温材料、预埋件、插筋、吊环、预留孔洞模具等的铺放及固定、卡定方法，并配备必要的固定件及卡定件，以确保钢筋及埋入配件在构件中的正确位置，且不致因浇灌混凝土、振捣、脱模而发生移位。

固定件、卡定件应专门设计和制造，可采用暗置螺栓、塑料卡环、卡座或者其他有效的固定卡具。

2. 对新制或检修的模板均应逐块检查。对连续周转使用的模板，应按每季度或每生产线生产 1000 块板材，按同一类型模板件数抽查 10%，且不少于 3 件，模板允许偏差应符合《混凝土结构工程施工质量验收规范》GB 50204 中关于预制构件模板安装的相关规定。对模板及其支架应定期维护，钢模板及钢支架应防止锈蚀。

模板尺寸的允许偏差点率检验方法如下：

（1）模板尺寸的允许偏差合格点率按下式计算：

$$\alpha=\left(1-\frac{n_{\mathrm{w}}}{n_{\mathrm{t}}}\right)\times 100\% \tag{6-1}$$

式中 α——合格点率；

n_{w}——不符合要求的检查点数；

n_{t}——总检查点数。

（2）当每件模板的尺寸偏差出现下列情况之一时，应进行返修：

① 出现超过允许负偏差值的检查点；

② 出现超过允许正偏差值 1.2 倍的检查点；

③ 出现 3 个或 3 个以上超过允许正偏差值的检查点。

3. 墙体制作台座面或模板面必须清理干净，当使用隔离剂时，涂刷要均匀，不得漏刷或积存。

4. 构件脱模起吊，当设计上无特殊规定时，起吊混凝土强度不应低于设计强度的 70%。采用叠层制作的板件，脱模起吊前应先将构件松动，减少底胎对构件的吸附力和粘结力。起吊时，应将吊钩对正一次起吊，防止后滑、颤动。

5. 若现场场地条件及气候条件等许可时，墙体制作可采取现场自然养护；采用工厂化生产时，可采取蒸汽养护与自然养护的方式。

6. 在板件混凝土浇筑完毕后，应随时进行编号并记录制作日期。经检验合格的板件，应标志合格后，方可出厂吊装。对于建筑节能一体化设计的板件，应对其保温层的铺放建立隐检制度；对保温材料的铺放情况，必须逐块做自检记录。自检记录应包括保温材料的密度、厚度、含水率，块体的实际铺放间距，以及与预埋件、钢筋接头的处理措施等。

检查数量：全数检查。

检验方法：检查各种文件及记录。

7. 板件制作偏差应符合《混凝土结构工程施工质量验收规范》GB 50204 中关于预制构件尺寸偏差的规定。

检查数量：随机抽查，同一检验批抽查构件数不少于总量的10%，且不少于3件。

检验方法：钢尺量测。

8. 板件制作外观质量缺陷应按表6-2的规定确定。

板件外观质量缺陷 **表 6-2**

<table>
<tr><th colspan="2">名称</th><th>现象</th><th>严重缺陷</th><th>一般缺陷</th></tr>
<tr><td rowspan="5">混凝土</td><td>露筋</td><td>构件内钢筋未被混凝土包裹而外露</td><td>纵向受力钢筋有露筋</td><td>其他钢筋有少量露筋</td></tr>
<tr><td>蜂窝</td><td>混凝土表面缺少水泥砂浆而形成骨料外露</td><td>构件主要受力部位有蜂窝</td><td>其他部位有少量蜂窝</td></tr>
<tr><td>孔洞</td><td>混凝土中孔穴深度和长度均超过保护层厚度</td><td>构件主要受力部位有孔洞</td><td>其他部位有少量孔洞</td></tr>
<tr><td>裂缝</td><td>缝隙从混凝土表面延伸至混凝土内部</td><td>构件主要受力部位有影响结构使用性能或使用功能的裂缝</td><td>其他部位有少量不影响结构使用性能或使用功能的裂缝</td></tr>
<tr><td>外形缺陷</td><td>缺棱掉角</td><td>有影响结构使用性能或使用功能的外形缺陷</td><td>有不影响结构使用性能或使用功能的外形缺陷</td></tr>
<tr><td rowspan="3">内模砌块</td><td rowspan="3">外形缺陷</td><td>缺棱掉角</td><td>任一砌块缺棱掉角总体积超过砌块标识体积的1/5且≥2块</td><td>任一砌块缺棱掉角总体积超过砌块标识体积的1/5且≤1块</td></tr>
<tr><td>贯穿四个面的裂缝条数</td><td>任一砌块≥2条</td><td>任一砌块≤1条</td></tr>
<tr><td>贯穿四个面的裂缝</td><td>裂缝走向沿水平方向且裂缝砌块数≥2块</td><td>裂缝走向沿水平方向且裂缝砌块数≤1块</td></tr>
</table>

检查数量：随机抽查，同一检验批抽检构件数量不少于30%。

检验方法：观察检查。

9. 构件在任一生产工序中，当发现非结构性构件损伤时，应立即进行修补，以保证构件和结构接缝处的保温、防水、防渗性能。修补应采用具有防水及耐久性的粘合剂粘合，或采用粘合剂加卡钉及其他有效的方法修补。凡涉及结构性的损伤，需经设计、施工、监理和制作单位协商处理。

检验方法：检查施工记录和相关的质量处理记录。

10. 板件运输应符合下列要求：

（1）板件经检查合格后，方可运输。

（2）板件运输宜选用低平板车，车上应设有专用架，且有可靠的稳固措施。当板件有饰面层时，饰面层应朝外。

（3）采用装箱方式运输时，箱内四周应采用木材、混凝土块作为支撑物，构件接触部位用柔性垫片填实，支撑牢固不得有松动。

(4) 预制墙体宜采用竖直立放式运输，预制楼板可采用平放运输，并正确选择支垫位置。

11. 墙体堆放应符合下列要求：

(1) 可采用插放或靠放，支架应有足够的刚度，并需支垫稳固，防止倾倒或下沉。采用插放架时，宜将相邻插放架连成整体；采用靠放架时，应对称靠放，外饰面朝外，倾斜度保持在5°～10°之间，对墙体的门窗口角部应注意保护；

(2) 支架靠放时两侧对称靠放，单边堆靠数量不得超过15块，并应保持其稳定，防止倾覆；

(3) 现场存放时，应按吊装顺序和型号分区配套堆放，堆垛应布置在吊车工作范围内；

(4) 重叠堆放的墙体，吊环应向上，标志应在外；

(5) 堆垛之间宜设宽度为0.8～1.2m的通道；

(6) 墙体的堆放严禁采用水平堆放形式。

12. 预制楼板可采用水平叠放方式，层与层之间应垫平、垫实，各层支垫应上下对齐，最下面一层支垫应通长设置。叠放层数不应大于6层。

13. 构件堆放场地必须坚实稳固，排水良好，以防止构件发生扭曲和变形。

6.3.2 装配整体式密肋复合墙体施工及验收

1. 装配整体式密肋复合墙体施工流程如图6-7所示。

2. 墙体安装前的准备工作应符合下列要求：

(1) 检查构件型号、数量及构件质量，并将所有预埋件及连接筋等梳整扶直，清除浮浆；

(2) 按设计要求检查墙体安装位置处基础梁顶面或梁顶面的预埋件，其位置偏移量不得大于20mm；

(3) 清除墙体安装位置的杂物和垃圾，并用水洒湿坐浆面后再铺设砂浆。

检查数量：全数检查。

检验方法：观察检查，量测。

3. 施工测量应符合现行国家标准《工程测量规范》GB 50026的有关规定，并应根据建筑物的平面、体形、层数、高度、场地状况和施工要求，编制施工测量方案。

4. 评定边缘构件及连接柱混凝土强度试块的质量，应在现场按相同条件制作，标准养护，每一工作班留置试块不少于二组；按《混凝土结构工程施工质量验收规范》GB 50204对混凝土强度评定，其中一组试块可作为控制吊装上层结构构件之用。冬期施工应增设二组试块，与边缘构件或连接柱相同条件养护，一组用以

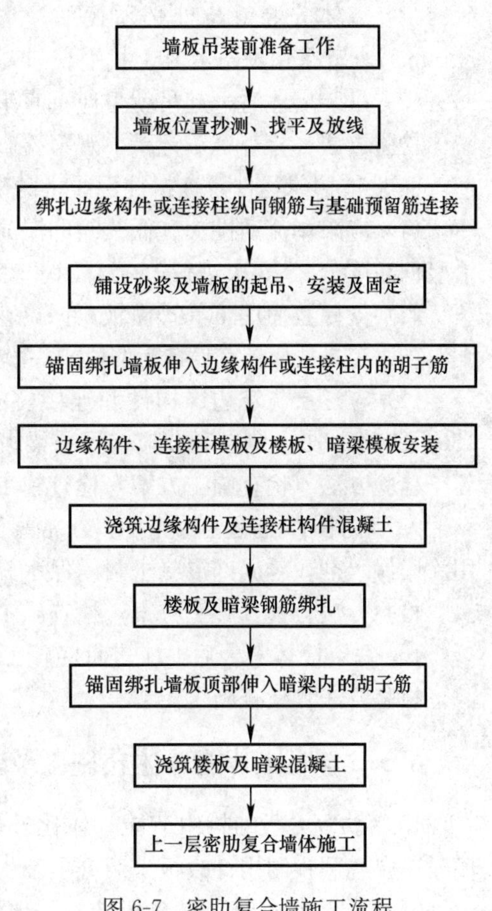

图6-7 密肋复合墙施工流程

检验混凝土受冻前的强度，另一组用以检验转入常温养护28d的强度。

检验方法：检查施工记录，检查混凝土试块的试验报告。

5. 密肋墙体的安装应按下列工序进行：放线、抄平、做灰饼、准备花篮螺丝、挂钩起吊、铺灰、构件就位、临时固定、脱钩、构件校正、构件固定、拆除花篮螺丝。

检验方法：检查施工记录。

6. 吊装过程中，其他辅助专业、工种，如预埋管线、放线、抄平、铺灰、找平、放置钢筋、钢筋绑扎、电焊、支模、现浇混凝土等工序均应按照要求进行配合施工。

检验方法：检查施工记录、隐蔽工程验收记录，观察检查。

7. 墙体的安装应符合下列要求：

（1）墙体安装的偏差值，应符合表6-3的规定。

墙体安装的允许偏差值 **表6-3**

序号	项目	允许偏差（mm）
1	基础顶面或楼层顶面标高	±10
2	楼层高度	±5
3	墙体轴向位移	3
4	墙体垂直度（2m靠尺检查）	5

（2）墙体安装就位处必须找平，并保证墙体坐浆密实均匀。当局部铺垫厚度大于30mm时，宜采用细石混凝土找平。

（3）吊装墙体时，起吊就位应垂直平稳，吊具绳与水平面夹角不宜小于45度。

检验方法：检查施工记录、观察检查。

8. 墙体边缘构件及连接柱混凝土的浇筑应符合下列要求：

（1）应采用流动性大、低收缩的混凝土；粗骨料粒径应适于浇灌和振捣，浇灌及振捣沿竖向高度分2～3次进行；

（2）支模宜使用工具式模板，振捣宜选用直径50mm以下微型振捣棒；

（3）工具式模板宜设计为两段或一段中间开洞，以保证竖向混凝土浇灌落距不大于2m；

（4）应逐层浇筑边缘构件和连接柱混凝土，每层混凝土应浇筑至该层楼板底面以下150～200mm处，剩余部分应与上层梁板浇灌成整体。

检验方法：检查施工方案，检查施工记录，观察检查。

9. 竖向构件混凝土的养护，在常温下混凝土浇筑完毕后的12h以内浇水养护，或选用涂膜保水剂，对局部混凝土封闭保水。

检验方法：检查施工方案，检查施工记录，观察检查。

10. 每层墙体安装后，应进行隐蔽工程的验收并做好验收记录。

检验方法：检查施工记录。

6.3.3 墙体节能一体化施工及验收

1. 密肋复合板结构中节能一体化外保温材料的外墙体制作，当保温材料作为墙体底模时，应遵照预制构件模板安装分项工程的要求进行施工。

2. 装配整体式密肋复合板结构，现浇连接柱或边缘构件以保温材料（板）作为外模的节能一体化施工，应按现浇构件模板安装分项工程的要求进行施工。

3. 密肋复合板结构建筑围护结构施工完成后，应对围护结构的外墙节能构造进行现场实体检验。条件具备时，也可直接对围护结构的传热系数进行检测。

该检测对已完工的工程进行实体检验，是验证工程质量的有效手段之一。通常只有对涉及安全或重要功能的部位采取这种方法验证。

(1) 密肋复合板结构外墙节能构造的现场实体检验方法可采用外墙节能构造钻芯检验方法，要求检验报告应给出相应的检验结果。

检验目的在于：验证墙体保温材料的种类是否符合设计要求；验证保温层厚度是否符合设计要求；检查保温层构造做法是否符合设计和施工方案要求。

(2) 密肋复合板结构外墙节能构造的现场实体检验，其抽样数量可按照下列方法执行：

1) 以 500～1000m^2 为一个检验批，不足 500m^2 时划为一个检验批；每个检验批至少抽查 5 处，每处不得小于 5m^2；当一个单位工程外墙有 2 种以上节能保温做法时，应增加抽查数量。

2) 每个单位工程的外窗至少抽查 3 樘。当一个单位工程外窗有 2 种以上品种、类型和开启方式时外窗应抽查不少于 3 樘。

所规定的现场实体检验最少抽样数量在实际工程中可根据实际情况在最少数量上进行增加。

(3) 密肋复合板结构外墙节能构造的现场实体检验应在监理（建设）人员见证下实施，可委托有资质的检测机构实施，也可由施工单位实施。

(4) 当对围护结构的传热系数进行检测时，应由建设单位委托具备检测资质的检测机构承担。

(5) 当外墙节能构造不符合设计要求和标准规定时，应委托有资质的检测机构以扩大一倍数量进行抽样，对不符合要求的项目或参数再次检验。复检不符合要求时应给出“不符合设计要求”的结论。

对于不符合设计要求的围护结构节能构造应查找原因，对因此造成的对建筑节能的影响程度进行计算或评估，采取技术措施予以弥补并重新进行检测，验收合格后方可采用。

其中当现场实体检验出现不符合要求的情况时，显示节能工程质量可能存在问题。此时为了得出更为真实可靠的结论，应委托有资质的检测单位再次检验。增加抽样的代表性数量。再次检验只需要对不符合要求的项目或参数检验，不必对已经符合要求的参数再次检验。如果再次检验仍然不符合要求时，应给出结论。考虑到建筑工程的特点，对于不符合要求的项目可立即拆除返工，难以拆除的先查找原因，对所造成的影响程度进行计算或评估，然后采取可行的技术措施予以弥补、修理或消除，并需征得节能设计单位的同意。消除隐患后必须重新进行检测，合格后方可通过验收。

4. 密肋复合板结构建筑单位工程竣工验收应和建筑节能分部工程验收同步进行。节能分部工程质量验收应符合现行国家标准《建筑节能工程施工质量验收规范》GB 50411 具体规定。

根据《密肋复合板结构技术规程》JGJ/T 275 规定，密肋复合墙体质量验收详见表 6-4～表 6-7 所列。

密肋复合墙体模板检验批质量验收记录　　**表 6-4**

工程名称		分项工程名称		验收部位	
墙体编号					
施工单位		专业工长		项目经理	
分包单位		分包项目经理		施工班组长	
施工执行标准名称及编号	《混凝土结构工程施工质量验收规范》GB 50204 《密肋复合板结构技术规程》JGJ/T 275—2013				

执行标准的规定				施工单位检查评定记录
主控项目	1	避免隔离剂沾污		
	2	侧模板支撑、连接、拉固牢靠		
	3	新制模板外形尺寸符合设计要求		
	4	模板无变形、翘曲、损伤		
一般项目	1	模板安装的一般要求		
	2	用作模板地坪、胎膜质量		
	3	拆模混凝土表面及棱角不受损伤		

					允许偏差（mm）	量测值（mm）									
一般项目	4	模板安装允许偏差项目	高		0，−5										
			宽		0，−5										
			厚		0，−3										
			底模表面拼缝高差		1										
			相邻两侧模板表面高低差		1										
			底模表面平整度		3										
			对角线差		5										
			侧向弯曲		L/1500 且≤10										
			预留洞口	中心线位置	5										
				洞口垂直度	2										
				对角线偏差	5										

施工单位检查评定结果	项目专业质量检查员　　　　年　月　日
监理（建设）单位验收结论	监理工程师（建设单位项目专业技术负责人）　　　　年　月　日

注：L 为量测方向的构件尺寸（mm）。

密肋复合墙体钢筋检验批质量验收记录表

表 6-5

工程名称		分项工程名称		验收部位	
墙体编号					
施工单位		专业工长		项目经理	
分包单位		分包项目经理		施工班组长	
施工执行标准名称及编号	《混凝土结构工程施工质量验收规范》GB 50204 《密肋复合板结构技术规程》JGJ/T 275—2013				

		执行标准的规定				施工单位检查评定记录
主控项目	1	力学性能检验				
	2	抗震用钢筋强度实测值				
	3	化学成分等专项检验				
	4	受力钢筋的弯钩和弯折				
	5	箍筋弯钩形式				
	6	纵向受力钢筋的连接方式				
	7	受力钢筋的品种、级别、规格和数量				
一般项目	1	外观质量				
	2	钢筋冷拉				
	3	接头位置和数量				
	4	绑扎搭接接头面积百分率和搭接长度				
	5	胡子筋长度（mm）			±10	
	6	钢筋安装允许偏差	绑扎钢筋骨架	长（mm）	±5	
				宽（mm）	±5	
				高（mm）	±5	
			受力钢筋	间距（mm）	±5	
				保护层厚度（mm）	±3	
			绑扎箍筋间距（mm）		±15	
			吊环	中心位置（mm）	3	
				水平高差（mm）	5	
施工单位检查评定结果	项目专业质量检查员　　年　月　日					
监理（建设）单位验收结论	监理工程师（建设单位项目专业技术负责人）　　年　月　日					

密肋复合墙体预制检验批质量验收记录表 **表 6-6**

工程名称		分项工程名称		验收部位	
墙体编号					
施工单位		专业工长		项目经理	
分包单位		分包项目经理		施工班组长	
施工执行标准名称及编号	《混凝土结构工程施工质量验收规范》GB 50204 《密肋复合板结构技术规程》JGJ/T 275—2013				

		项目		控制要求及允许误差	施工单位检查评定记录	监理（建设）单位验收记录
主控项目	1	构件标志、预埋件、插筋、预留孔洞				
	2	预制构件外观质量严重缺陷				
	3	过大尺寸偏差				
	4					
一般项目	1	外观质量一般缺陷				
	2	墙体砌块、肋梁、肋柱	厚度（mm）	±3		
	3	墙体	宽度、高度（mm）	±5		
			侧向弯曲（mm）	$L/1000$ 且≤20		
			对角线差（mm）	10		
			表面平整度（mm）	5		
			翘曲（mm）	$L/1000$		
	4	预埋件	吊钩中心线位置（mm）	10		
			预埋铁件位置（mm）	5		
			胡子筋外露长度（mm）	±10		
	5	预留孔	中心线位置（mm）	5		
	6	预留门窗洞	中心线位置（mm）	15		
			门窗洞宽度、高度（mm）	+10		
	7	墙体肋梁、肋柱	主筋保护层厚度（mm）	±3		
施工单位检查评定结果		项目专业质量检查员 年 月 日				
监理（建设）单位验收结论		监理工程师（建设单位项目专业技术负责人） 年 月 日				

注：L 为量测方向的构件尺寸（mm）。

密肋复合墙体安装批质量验收记录表 **表 6-7**

工程名称		分项工程名称		验收部位	
墙体编号					
施工单位		专业工长		项目经理	
分包单位		分包项目经理		施工班组长	
施工执行标准名称及编号	《混凝土结构工程施工质量验收规范》GB 50204 《密肋复合板结构技术规程》JGJ/T 275—2013				

		检查项目内容		标准规定	施工单位检查评定记录	监理（建设）单位验收记录
主控项目	1	外伸胡子筋				
	2	墙体抄平、放线				
	3	墙体底部铺浆填塞				
	4	洞口设置				
	5	连接柱或边缘构件竖向受力钢筋				
一般项目		允许偏差项目		允许偏差值（mm）		
	1	墙体垂直度（2m 靠尺检查）	平面	5		
			侧面	5		
	2	墙体顶面水平度		±5		
	3	墙体轴向位移		3		
	4	墙体预留洞口	轴线位置	10		
			对角线	5		
			垂直度	5		
	5	基础顶面标高		±10		
	6	楼层高度		±5		
	7	预埋件	位置偏差	5		
			凸出及凹进	0，—5		

施工单位检查评定结果	项目专业质量检查员 年 月 日
监理（建设）单位验收结论	监理工程师（建设单位项目专业技术负责人） 年 月 日

6.4 密肋复合板结构使用维护管理现状及方法

房屋是城市的主要构成部分，是人们从事生活、生产等各类活动必不可少的物质条件，是城市社会的巨大财富，同时它具有保值增值的特性，而这种保值增值又是以房屋维修管理为前提的。因此在物业管理中，房屋维护是主体工作和基础性工作，是衡量物业管理水平的最为重要的指标。

6.4.1 建筑工程维护管理的基本理念

1. 房屋维护的含义

房屋维护是房屋维修与养护的简称，也被称为房屋修缮。房屋维修是房屋建成后维持其使用功能和物质价值的必要管理手段。它贯穿于房屋建造、使用直至报废的全过程。广义的房屋维修包括维修工程、改造工程、翻建工程三种类型。房屋养护则指对材料或结构构件、配件采取保护措施，使其免受恶劣环境的直接作用。房屋维护在特殊情况下还涉及房屋改造问题。房屋改造是指对旧的建筑、结构或构件进行改建，适应新的形势和需要。人们从开始建造房屋时，就必须考虑如何使房屋适用、坚固、耐久和经济，便于建成后保养和维修管理，还应考虑房屋在使用期间如何防止损耗并修复缺陷，怎样对旧有房屋改造更新并使之适应社会发展需要。

2. 房屋维护的内容和分类

房屋维护的具体内容和分类取决于房屋的损坏范围、损坏程度和对维修的要求。

（1）按房屋维修的部位划分

按房屋维修的部位可分为结构修缮工程和非结构修缮工程。结构修缮工程指对房屋的基础、梁、板、柱、承重墙等主要承重构件进行的维修和养护，恢复和确保房屋的安全性是结构修缮的重点；非结构修缮工程指对房屋的非承重墙、门窗、装饰、附属设施等非结构部分的维修与养护，它可以延续房屋的适用性，同时对房屋的结构部分也有良好的防护作用。

（2）按房屋维修规模的大小划分

按房屋维修规模的大小可分为翻修工程、大修工程、中修工程、小修工程和综合修工程。

3. 建筑工程维护管理的意义与作用

建筑工程从建成使用到报废整个使用生命周期中的正常使用与维护管理，目的在于修复由于自然因素、人为因素等造成的结构损坏，维护和改善建筑工程的使用功能，促进其正常使用，从而延长建筑工程的使用年限。建筑工程合理正常的使用和维护管理是建筑工程在流通领域的继续与价值的追加，不仅能保证建筑工程的正常使用和安全，延长使用年限，也是保护城市现有房产的重要手段。

工程实践表明建筑工程正常使用和维护的意义与作用在于：一是它与房屋再生产的流通、消费诸环节紧密相连，对城市的建筑与发展有着重要影响；二是有利于延长建筑工程的使用寿命，保护其使用功能，增强住用安全性能，提高住户的工作和居住质量；三是有利于保证房屋的质量和房屋价值的追加，可使房屋保值、增值，为业主增加财富，节省建房资金；四是有利于加快城市建设，美化环境，促进城市的经济发展。

6.4.2 我国现阶段建筑工程维护管理现状

1. 我国现阶段建筑工程维护管理的主要特征

我国目前主要是国营房修企（事）业占主要地位，无论是城市房产经营管理单位，还是房产信托公司、物业管理公司，以及各种开发公司的修缮组织，都是国营企（事）业。这些企（事）业是房屋修缮业的骨干力量，承担着城市绝大部分房屋的维修任务。同时集体、个体的修缮队伍，也活跃在房屋修缮、装饰工程上，发挥着不可忽视的辅助和补充作用。其次是房屋修缮业开始由全民的“一家经营”逐步向“多家经营”转化。街道、社会、个体的房修队伍，已经在房修市场中占有一席之地，一些建筑企业开始兼营房屋修缮、装饰业务，城市房产经营管理部门的修缮队伍也冲破自我封闭，开始走向社会，房屋修缮市场已经初步形成。但由于传统管理机制的影响，以及修缮资金的不足，行业生产方式的落后以及房修队伍素质较低等原因，目前的房修市场还很不完善，市场功能有待进一步提高。

2. 我国现阶段建筑工程维护管理的现状

（1）内地情况

我国内地大多数城市在建筑工程的正常使用和维护管理方面，由于长期处于一种僵化的机制，较落后的思想和较低的使用与维护管理专业技能，导致大量房屋除维修水、电、气等方面的简单问题外，很少在建筑工程的维护和正常使用等方面做工作，从而造成大量的建筑工程使用时间仅20年到30年左右。没有真正发挥物业的价值和房屋使用功能，而造成大量国家资产的损失。在建筑工程的正常使用维护管理方面意识较差，重建设，轻管理的思想严重。

（2）沿海情况

例如深圳，毗邻香港，是中国最早的经济特区，在建筑工程的正常使用和维护管理方面积累了许多经验，是全国房地产业最发达的城市之一。在物业管理等方面的经验值得全国各城市借鉴，如万科、中海、金地等大型物业管理公司已先后介入各大城市的物业管理。

深圳相关物业管理法规规定：为维护房屋及配套设施完好程度，管理公司必需安排养护工作，具体规定如下：上下管道、明沟、雨水污水检查井，每年清理二次，化粪池清理一次；屋面四年检修一次，八年大修一次；外墙面粉刷，八年进行一次；室内水电设备及一般项目，八年检修一次。这些都是深圳在建筑工程维护管理方面的作出的有益的探索。但在全寿命维护管理中，也还有很长的路要走。

（3）香港房屋的维修和保养

香港房委会非常注重其物业的保养、维修及改善。每年房屋管理办事处与保养工程组就房屋的保养、维修进行磋商，根据轻重缓急程度与资源许可，安排工程及拨款。

对于租住公屋的居民来说，由于公屋的管理、维修、保养及清洁费用已全部包括在租金中，因此，如果发生房屋维修保养事宜，只需按规定缴租金，不必再付管理费，一般房屋的维修和养护分为两类：

一类是经常性养护。经常性养护的内容包括：疏通下水道，修理破裂的上水管道，修理屋顶漏水，调换损坏的窗玻璃等。公共房屋经常性的养护，由各房屋管理处人员负责安排。管理人员每天都要巡视，如发现损坏，须立即填写养护单，安排人员进行修理。如损坏是紧急的，就先指示房屋管理处的工人进行应急修理，然后交由保管工程承造商维修。

另一类是预定计划的修缮。计划维修占保养工程的 2%，而费用占维修和养护总费用的 90%，如定期粉刷房屋的外墙，重新油漆杆，调换水管，清洗食水箱等。计划维修周期，一般为 5 年，由房屋署保养工程技术人员负责，审定工程的需要，设计与施工。计划维修工程采用投标的方式，由维修承造商负责。因此，香港的建筑工程的正常使用维护管理方面已有了一些较好的经验可借鉴。

6.4.3 国外建筑工程维护管理现状

1. 加拿大建筑工程维护管理

加拿大十分重视旧房翻新改进，政府采取了许多措施，其中带有特色的措施有：

（1）将维修列为住房的宗旨。加拿大的《全国住房法》是住房政策的总纲领。该法明确指出其宗旨：“促进新住房建造，促进现有住房的维修更新和改善住宅及居住条件”。另外，关于市区更新和邻里改善、住宅改善货款、住宅扩大与翻新等均有条款规定。加拿大政府还提供相当数量的资助来推动旧住宅的翻新改造。几乎所有主要城市都在积极推行旧房维修更新计划。更新后的住房内外装修和设施焕然一新，大大改善了外观与使用条件。

（2）成立专门实施机构。按照《加拿大抵押和往房公司法》，加拿大政府设专门的国营机构—加拿大抵押和住房公司。全国住房法授权该公司代表政府行使贷款职能，执行社会住房计划，改善现有住房和居住区环境。公司推行了“全国住房计划”，作为贯彻政府住房政策，改善社会住房状况和管理房产的重要措施，并为执行此项计划每年补贴。公司还开展住房维护技术部业务，从事住房建筑科研和信息传递以及改善住房质量与社区规划等项工作。

（3）重视维修技术培训。根据行业预测，为以后住房的修复改善将会进一步保持发展。因此，开发各类住房，尤其是低造价公共住房的维修新技术乃是当务之急。为此，加拿大抵押和住房公司编写了一系列住房维修技术培训教材，制作了电视教学片，并制订出通用教学计划，以适应国内广泛的社会需求，并为国外承担培训业务，设有全国住房修复技术培训中心。对房产契约人、房产承包商和经营人员、建筑检查员、房产评估员、管理人员进行培训，要求其掌握一定的技能。培训课程包括：房屋检查及维护常识、价值评估及书写规范、住房能源保护及改善更新以及修复项目执行管理等。

2. 美国建筑工程维修管理

美国建筑工程维护管理的特点有：

（1）出售房屋一般规定是保修一年（从住房入住时起算）。属于住户损坏的由住房者自付外，其他凡在保修期内全由业主负责修理。保修费一般扣留销售费的 5%，作为保修押金，一年期满后付清。如果业主不及时维修，住房者有权自己维修，费用从扣留的 5% 押金内支付。

（2）出租房屋维修费用全由业主负责，如维修不及时造成住户的损失，业主须依据合同赔偿其损失。

（3）房屋维修工作在工程竣工后的一年内由施工单位负责。如房屋竣工后立即出售或出租，一年内的维修费应由施工单位负责。一般出售房屋如在施工单位维修期尚未满一年的，由业主继续负责维修。在满一年后则由买主（住户）维修。

（4）可自己组织一批长期维修人员（房屋多或较大的管理公司）。房屋少，则可向社会或其他公司临时请人来修理，其工作内容议定价格或按市场规定人工价格支付，还可按项目包干管理。如绿化的管理，按数量发包出去，规定每月除杂草、剪草次数，依需要杀虫浇水，以保证草木生长良好，按每月、季、年计费。

3. 新加坡建筑工程维护管理

新加坡对于建筑工程的维护管理方面做了详细的规定，例如：

（1）政府规定所出售的公共住宅从领取房屋钥匙之日起维修一年，住户领取钥匙后限期提出缺损报告，保修期满后，室内设施修理费由购房者负责。物业管理单位对小区内公共设施进行保养和提供服务。为了防止住宅过早老化，新加坡十分重视对房屋的管理和维修。住宅楼的维修，政府规定 5 年对整栋楼房的外墙、公共走廊、楼梯、屋顶进行一次维修。

（2）对于电梯的保养与维修，所有住宅楼的电梯都由物业管理单位维修和检查。一旦电梯发生故障，5 分钟内电梯维修工必须到场维修，否则给予检控。水电卫生设备，由物业管理单位提供 24 小时服务，备有维修车，车内有无线电话，维修实行有偿服务。

（3）对于停车场管理，小区的停车场都由小区管理单位统一管理，并有完善的制度。任何拥有车辆的住户，须向物业管理单位申请“停车季票”，每户只准申请一个车位；夜间停车须特别申请，并办理夜间停车手续。外来车辆一律执行按钟点收费。

（4）对于垃圾的处理，为了确保小区整洁，避免有难闻异味，全面推行垃圾袋装化。垃圾必须装入袋内，方可投入垃圾桶，并规定太大和太重的垃圾（箱子、瓶子）实行定期处理，直接送到垃圾站，不许投入垃圾桶。同时，还规定易燃、易爆、易碎物品，不许投入垃圾桶，以确保防火防爆安全。

（5）开发商与负责住宅区的管理事务是建屋局的重要任务。在 1988 年 3 月以前，所有的住宅区和新镇的管理与维修服务都由建屋局负责提供。在市镇理事会接管这些事务之后，建屋局便只扮演一个在发展与研究工作上提供支援性服务角色。这项转变的目的是要使各新镇都有其独特性，同时也让更多的居民能够参加该区的管理工作。建屋局还为市镇理事会提供电脑应用系统和 24 小时紧急维修服务。电梯里装有自动拯救系统，在电流中断的时候，会自动把电梯送到最接近的出口。此外，还装有自动监测系统，侦察电梯失灵和被滥用的情形。

（6）政府公共住房计划下建造的房屋都由市镇理事会统一管理。每一个组屋区都隶属一个市镇理事会管辖。私人住宅（如共管式住屋）是由各自依法规组织的管委会管理的。无论市镇理事会和私人住宅的管委会，都通过委托房屋管理公司来负责日常工作。物业管理单位设若干业务组，包括财务组、保养维修组、小贩市场组、环境清洁组、园艺组、文书组等。

6.4.4 国外建筑工程维护管理与我国的对比

由以上分析可见，相对于国外先进的建筑工程维护管理，我国有以下特点：

（1）建筑工程维护管理的意识还比较薄弱。大家的注意力几乎都倾注在工程的建设上，对于建筑工程全寿命周期的认识不足，造成了对建设工作完成后的维护管理的忽视。

从以上的例子中可看到，很多国家对建筑工程维护重要性的认识是很明显的，比如加拿大把维修列为住房的宗旨，即给予了维护工作高度的定位，因此，在我国必须加强全行业和全社会对维护工作重要性的认识。

（2）政府部门对于建筑工程维护管理的法规制度等还需要进一步的完善。由于意识的薄弱以及经验的缺乏，法规制度的不够完善，与发达国家相比，不难看出我们的差距。

（3）建筑工程维护事业的市场目前还没有完全形成。我国的建筑工程维护工作一直主要由国有部门或者企业负责来完成，近年来虽有很多民营企业的加入，但市场还不完善。

（4）建筑工程维护工作的专业技能亟待提高。国外在建筑工程维护管理上的确有比我们更多的经验，从技能上有很多东西需要去学习。

当前不利于我国修缮维护业发展的因素在于：

一是对房屋修缮在国民经济和城市建设中的地位和作用缺乏应有的认识；二是房产管理、经营、修缮部门政企不分现象普遍；三是住房制度有待改革，实现房屋价值形态和实物形态的补偿还有很大差距；四是管理体制、经营机制还没有真正理顺，房屋修缮组织缺乏一定的压力、动力和活力；五是房屋修缮业职工队伍的政治、业务、技术素质有待进一步提高；六是房屋维修管理立法工作还跟不上社会的进步，这对我国房修业的改革与发展提出了挑战。

6.5 密肋复合板结构使用维护管理方法建议

从我国和国外发达国家在建筑工程维护管理工作上的实践比较，不难看出我国的差距。建筑工程维护管理给工程与社会带来的利益，不仅节约了资金，延长了使用寿命；更重要的是对整个社会节约资源、促进可持续发展有着深远的意义。因此，完善我国的相关法规制度，健全建筑维护管理市场，提高专业人员的技能，促进建筑工程维护管理事业的发展，对于我国的经济建设有重要的意义。

密肋复合板结构是一种新型结构体系，对该结构体系的使用管理方法正处于推广应用阶段，目前还没有很好的章法可循。但从结构的全寿命观点来讲，加强工程维护管理，进行结构的可靠性及耐久性评估是非常必要的。应加强以下方面工作：

（1）加强全行业和全社会对建筑工程维护工作重要性的认识，特别是物业管理部门。住宅作为一种商品已为人们认识，物业管理部门承担房屋工程的维护管理就显得非常必要，同时用户组建业主委员会参与维护管理也可作为一种尝试。

（2）用户的正确使用及维护，有利于提高房屋的寿命及耐久性。由于密肋复合板结构的构造特点，用户在装修及使用中严禁对主体结构造成破坏。若有必要的局部改造时，必须征得设计与相关部门的同意并出具变更投计。

（3）物业管理部门应结合当地实际建立工程维护管理办法。由于不同地区、不同的房屋使用要求，物业管理部门可结合当地实际提出适合自己的工程维护管理办法，推动新型结构体系的工程维护管理事业的发展。

（4）加强新型结构体系的宣传工作，提高工程维护技术人员的专业技能很有必要。在总结国外建筑工程维护管理经验的基础上，结合密肋复合板结构特点，加强工程维护技术人员的专业技能学习，积累经验，可为新型结构体系的工程维护管理提供人才保证。

第 7 章　施工组织设计

施工组织设计是指导拟建工程项目进行施工准备和施工过程的重要技术经济文件，是对施工活动的全过程进行科学管理的重要依据。密肋复合板结构施工组织设计同其传统结构相似，其任务是要对拟建工程的施工准备和施工全过程的人力和物力、时间和空间、技术和组织，制定一个全面而合理的计划安排。

7.1　施工组织设计概述

7.1.1　施工组织设计的分类

1. 按编制目的与阶段分类

根据编制目的与阶段的不同，施工组织设计可划分为两类：

（1）标前设计。是投标前编制的施工组织设计，其主要作用是指导工程投标和承包合同的签订、并作为投标书的一项重要内容（技术标）和合同文件的一部分。实践证明：在工程投标阶段编好施工组织设计，是实现中标、提高市场竞争力的重要途径，充分反映施工企业的综合实力。

（2）标后设计。是签订工程承包合同后编制的施工组织设计，其主要作用是指导施工前的准备工作和施工全过程的实施，并作为项目管理的作业性文件，标后施工组织设计提出工程施工中进度控制、质量控制、成本控制、安全控制、现场管理、各项生产要素管理的目标及技术组织措施，从而提高综合效益。

上述两类施工组织设计的区别见表 7-1。

标前与标后施工组织设计的区别　　**表 7-1**

种类	服务范围	编制时间	编制者	主要特性	追求的主要目标
标前设计	投标与签约	经济标书编制前	经营管理层	规划性	中标和经济效益
标后设计	施工准备至验收	签约后开工前	项目管理层	作业性	施工效率和效益

2. 按编制对象与作用分类

根据编制对象与作用的不同，标后施工组织设计又分为施工组织总设计、单位工程施工组织设计和分部（分项）施工方案。

（1）施工组织总设计。

施工组织总设计是以一个建筑群、一条公路或一个大型单项工程为编制对象，对整个建设工程的施工过程和施工活动进行全面规划，统筹安排，并对各单位工程的施工组织进行总体指导、协调和阶段性目标控制与管理的综合性指导文件，是单位工作施工组织设计的依据。施工组织总设计主要内容包括：确定工程建设总工期，及各单位对工程开展的顺序及工期、主要工程的施工方案、总体进度安排、各种资源的供需计划、施工现场的总体布局等。

(2) 单位工程施工组织设计

单位工程施工组织设计是以单位工程或较简单的单项工程为编制对象，用来指导其施工全过程各项活动的技术与经济的指导性文件，是施工单位年度施工计划和施工组织总设计的具体化，由工程项目主管工程师负责编制，可作为编制季度、月度计划和分部分项工程施工组织设计的依据。

(3) 分部（分项）施工方案

分部（分项）施工方案是以某些重要的分部工程或难度较大、技术复杂、采用新工艺的分项工程以及专项工程（如深基坑开挖、地下降水、模板工程、墙体生产工程、吊装工程、脚手架工程等）为编制对象，用以指导其施工活动的技术性文件，是直接指导施工作业的依据。

三种组织设计的区别如表 7-2 所示。

不同类型的施工组织设计的区别　　表 7-2

区别	类型		
	施工组织总设计	单位工程施工组织设计	分部（分项）施工方案
编制对象	群体工程，大型单项工程	单位工程，较小、简单的单项工程	重要的分部工程，较大、难、新、复杂的分项工程，重要或危险的专项工程
作用	总的战略性部署编制单位工程施工组织设计的依据编制年度计划的依据	具体战术安排直接指导施工施工编制月、旬计划的依据	指导施工及操作编制月、旬作业计划的依据
编制时间	建设项目开工前	单位工程开工前	相应部分、分项工程施工前
编制人	建设单位或委托承包单位编制，建设单位、承包单位相关负责人参加	承包单位的项目负责人主持，项目技术负责人编制，项目部全体管理人员参加	承包或分包单位项目专业技术负责人主持，技术员或主管工长编制

7.1.2 施工组织设计的基本内容

根据不同工程规模和特点，施工组织设计的编制内容有所差异，其基本内容包括：施工方案、施工进度计划、施工现场平面布置和各种资源需用量计划等。

1. 施工方案

施工方案是指拟建工程所采取的施工方法及相应技术组织措施，是组织施工应首先考虑的根本性问题。据工程特点、合同要求、施工条件，选择最合理的施工方案。

施工方案的主要内容包括：施工方法的确定、施工机具的选择、施工顺序的安排以及流水施工的组织。制定和选择施工方案应在切实可行的基础上，满足工期、质量和施工生产安全的要求，并尽可能争取施工成本最低、效益最好。施工方案一般用文字概述，必要时附以图、表说明。

2. 施工进度计划

施工进度计划是表示各项工程的施工顺序和开工、竣工时间以及相互衔接关系的计划。其带动和联系着施工中的其他工作，并依据施工进度计划加以安排，使复杂的施工活动成为一个系统工程。施工进度计划在施工组织设计中起着主导作用，一般用横道计划图或网络计划图来表达。

3. 资源需用量计划

资源需用量计划是实现施工方案和进度计划的前提，是决定施工平面布置的主要因素之一。施工所需资源的数量和种类是由工程规模、特点和施工方案决定的，其进场顺序和需要时间是由进度计划决定的。在施工组织设计中，各种资源需用量及进场时间顺序一般用资源需用量计划表的形式表达。

4. 施工平面布置

施工的流动性决定了施工现场的临时性，施工的个别性决定了每项工程具有不同的施工现场环境。为保证施工的顺利进行、提高劳动效率，每项工程都必须根据工程特点、现场环境，对施工必需的各种材料物资、机具设备、各种附属设施等进行合理布置。其目的是在施工过程中，对人员、材料、机械设备和各种为施工服务设施所需的空间，作出合理的分配和安排。施工平面布置在施工组织设计中一般用施工平面图来表达。

编制施工组织设计的主要内容包括：施工方案和施工进度计划及施工现场平面布置与各种资源需用量计划等。

7.1.3 施工组织设计的编制

根据工程规模、结构特点、技术难易程度及施工条件的差异编制施工组织设计。对于采用新结构、新技术、新材料和新工艺的工程项目，必须编制内容完整的施工组织设计。

1. 施工组织设计的编制依据

施工组织设计是根据不同的使用要求、结构条件、场地条件、施工条件等因素，在充分调查分析原始资料的基础上进行编制。施工组织设计主要包括：工程项目的计划任务书、国家和上级主管部门的相关批示、设计文件和施工图纸、岩土工程勘察资料、工程承包合同、施工企业拥有资源状况、施工经验和技术水平、国家现行的相关施工规范和质量标准、操作规程、技术定额、施工现场条件等。

2. 施工组织设计的编制程序

施工组织设计的编制的准备工作主要包括：

（1）调查研究，摸清施工条件。主要为建设地区的自然条件和技术经济条件。

（2）学习和审查设计图纸。必须研究和审查拟建工程的岩土工程勘察资料与设计资料，了解工程全貌及其特点，领会设计意图，掌握技术要求。

3. 编制施工组织设计的注意事项

（1）在施工组织设计编制过程中，要充分发挥各职能部门的作用，吸收其参加编制和审定；充分利用施工企业的技术素质和管理素质，发挥优势，合理进行工序交叉。

（2）对结构复杂、施工难度大以及采用新工艺和新技术的工程项目，要进行专业性研讨，必要时组织专门会议，邀请有经验的专业工程技术人员参加，群策群立。

（3）当施工组织设计方案提出之后，要组织参加施工的人员及参加工程建设各相关单位进行技术交流讨论方案，并逐项逐条分析研究、修改、确定并落实，最终形成正式文件，报送主管部门审批。

7.1.4 施工组织设计的贯彻、检查和调整

施工组织设计是有计划、按步骤进行施工准备和施工过程的重要依据，一经批准即成

为指导施工活动的纲领性文件，必须严肃对待、认真贯彻执行。

施工组织设计的编制为实施拟建工程提供了一个可行的实施性方案，并在施工实践中实施，并随时检查、进行监理、发现问题、提出对策措施、及时解决。主要检查内容包括：工程进度、工程质量、材料消耗、机械使用和成本费用等。由于施工过程中受到各种自然与人为条件和因素的制约，根据执行情况的检查，拟定改进措施或方案，对施工组织设计的有关部分或指标逐项进行修正、调整和补充，以使施工组织设计实现新的平衡。

施工组织设计的贯彻、检查和调整是一项经常性工作，必须随着施工的进展情况，加强反馈和及时进行，要贯穿于项目施工过程的始终。

7.2 施工进度

7.2.1 施工进度计划

施工进度计划可分为施工总进度计划和单位工程施工进度计划。

施工总进度计划是根据施工部署对各项工程施工在时间上的安排，确定各单位工程、准备工程和全工地性工程的施工期限、开工与竣工时间以及各项工程施工的衔接关系。建筑工地劳动力及各项物质资源的需求量和调配情况；附属生产企业的生产能力；建筑职工临建居住房屋的面积；仓库和堆料场的面积；供水、供电和其他动力的数量等。施工总进度计划的主要作用是控制每幢建筑物或构筑物工期的范围。对于跨年度的工程，一般第一年进度按月安排，第二年及以后各年按月或季安排。

单位工程施工进度计划是在既定施工方案的基础上，根据规定的工期和各种资源供应条件，在施工过程中按合理组织施工的原则，对各分部分项工程的开始和结束时间作出具体的日程安排。单位工程施工进度计划是确定分部分项工程的施工时间及相互衔接或穿插配合关系，是控制工程施工进度和竣工期限等各项施工活动及编制各种资源需求量计划的依据。

1. 施工总进度计划

（1）计算拟建建筑物场地与全工地性工程的工程量

根据既定施工部署中分期分批投产的顺序，将每一系统的各项工程项目分别列出。突出主要项目，对于一些附属、辅助工程等可予以合并。

工程量可按初步设计（或扩大初步设计）图纸和相关定额手册或资料进行计算。

（2）确定各单位工程的期限

影响单位工程施工期限的因素很多，如建筑类型、结构特征、施工方法、施工单位的技术和管理水平、机械化程度以及施工现场的环境与工程条件等。因此，在确定各单位工程的工期时，应根据具体情况对上述各种因素综合考虑后参考有关的工期定额而确定。

（3）确定各单位工程的开竣工时间和相互搭接关系

在施工部署中已经确定了工程的开展程序，但对每期工程中的每一个单位工程开竣工时间和各单位工程间的搭接关系，需要在施工总进度计划中予以考虑。

（4）编制施工进度计划

根据各工程项目确定的工期、搭接关系编制初步进度计划，并依据流水施工与综合平衡的要求，调整进度计划或网络计划。再绘制施工总进度计划和主要分部（分项）工程流水施工进度计划（或网络计划）。

2. 单位工程施工进度计划

施工进度计划一般采用横道图和网络图（即施工进度计划表）。单位工程施工进度计划的主要任务是以施工方案为依据，安排单位工程中各施工过程的施工顺序和施工时间，使单位工程在规定的时间内，顺利完成施工任务。

(1) 进度计划的编制程序

单位工程施工进度计划编制的一般程序如图 7-1 所示。

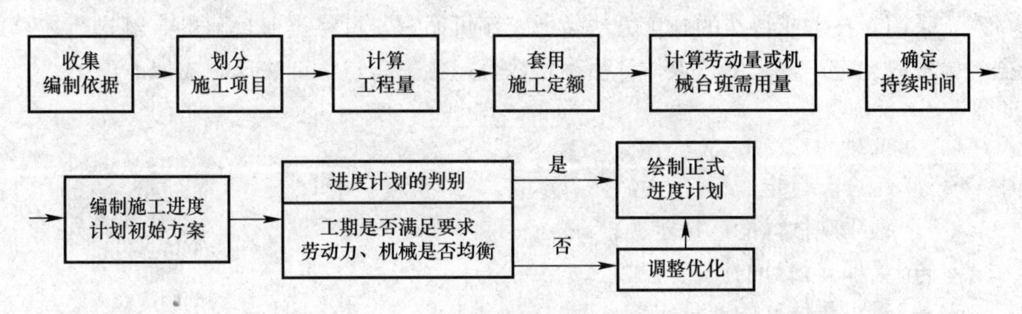

图 7-1　单位工程施工进度计划编制程序

(2) 编制步骤

1) 划分施工过程

施工过程是进度计划的基本组成单元，结合具体的施工项目合理地确定施工过程，并据划分的施工过程列出一览表以供使用。其主要包括直接在建筑物（或构筑物）上进行施工的所有分部分项工程（其中不包括加工厂的预制加工及运输过程）。施工过程不进入到进度计划中，可以提前完成，而不影响进度。

2) 计算工程量

工程量计算应严格按照施工图纸和工程量计算规则进行。当编制施工进度计划时若已有预算文件，可直接利用预算文件中相关的工程量。当项目的工程量有出入且相差不大时，可结合工程项目的实际情况作调整或补充。

3) 计算劳动量和机械台班数

计算完每个施工段各施工过程的工程量后，可根据现行的劳动定额，计算相应的劳动量和机械台班数，一般按下式计算：

$$劳动量=\frac{某分项（工序）工程量}{某分项（工序）产量定额}$$

$$=某分项（工序）工程量\times某分项（工序）时间定额$$

$$机械台班量=\frac{某分项（工序）工程量}{某分项（工序）机械产量定额}$$

$$=某分项（工序）\times某分项（工序）机械时间定额$$

对于“其他工程”项目的劳动量或机械台班量，可根据合并项目的实际情况计算。据工程特点，结合工地和施工单位的具体状况，以总劳动量的一定比例估算，一般约占总劳动量的 10%～20%。

当某一分项工程是由若干具有同一性质而不同类型的分项工程合并而成时，应根据各个不同分项工程的劳动定额和工程量，按合并前后总劳动量不变的原则计算合并后的综合时间定额（或综合产量定额）。计算公式如下：

$$S=\frac{Q_1S_1+Q_2S_2+\cdots+Q_nS_n}{Q_1+Q_2+\cdots+Q_n} \tag{7-1}$$

式中　　　S——综合时间定额；

Q_1Q_2，…，Q_n——组成某分部工程的各分项工程量；

S_1S_2，…，S_n——组成某分部工程的各分项工程时间定额。

对于采用新技术或特殊的施工方法暂无定额可循时，可将类似项目的定额进行换算或根据经验资料确定，或采用三点估计法确定综合定额。三点估计法计算式如下：

$$S=\frac{a+4m+b}{6} \tag{7-2}$$

式中　S——综合产量定额；

a——最乐观估计的产量定额；

b——最保守估计的产量定额；

m——最可能估计的产量定额。

4）确定各施工过程的持续时间

计算出各施工过程的劳动量（或机械台班）后，可以根据现有人力或机械来确定各施工过程的作业时间。

5）编制进度计划初始方案

根据施工顺序、各施工过程的持续时间、划分的施工段和施工层，找出主导施工过程，按流水施工的原则来组织流水施工，绘制初始的横道图或网络计划，形成初始方案。

6）施工进度计划的检查与调整

对于施工进度计划的初始方案均应进行检查、调整和优化。根据检查结果，对不满足工程要求的进行调整，如增加或缩短某施工过程的持续时间；调整施工方法或施工技术组织措施等。通过调整，在满足工期的条件下，使劳动力、材料、设备需要趋于均衡。

在施工进度计划执行过程中，有时会因人力、物力及现场条件的变化以及自然因素的变异而打破原定计划，应经常检查和及时调整施工进度计划。

7.2.2　资源需要量计划

工程施工中的资源一般包括：施工所需要的劳动力、施工机具设备、建筑材料、构配件、资金等。

资源需要量计划可分为总计划和局部计划。资源需要量总计划是根据施工总进度计划编制完成；资源需要量局部计划是根据单位工程施工进度计划而编制完成。

施工进度计划确定之后，可根据各工序及持续期间所需资源编制出材料、劳动力、构件、半成品，施工机具等资源需要量计划，作为相关职能部门按计划调配的依据，以利于及时组织劳动力和物资的供应，确定工地临时设施，保障施工顺利地进行。

1. 资源需要量总计划

（1）劳动力需求量计划

工程项目劳动力需要量计划是根据施工总进度计划、概预算定额和相关经验资料分别计算出各单项工程主要工种的劳动力数量，估计出工人进场时间，然后进行汇总，确定出整个建设工程项目的劳动力需要量计划。劳动力需要量计划可编制成表格形式，如表 7-3。

劳动力需要量计划 **表 7-3**

序号	项目名称	工种名称	劳动量数量（工日）	高峰期工人人数	用工时间				
					××××年				××××年
					1	2	3	…	…

(2) 材料、构件和半成品需要量计划

主要材料、构件和半成品等物资需要量计划应根据施工部署、劳动需要量计划和工程总进度计划的要求进行编制，如表 7-4 所示。它是签订物资采购合同、安排材料堆场和仓库、物资供应单位生产和准备工程所需物资的依据。

主要材料、构件和半成品需要量计划 **表 7-4**

序号	项目名称	物资		物质需要量		需要量计划				
						××××年				××××年
		名称	规格	单位	数量	1	2	3		

(3) 施工机具、设备需要量计划

施工机具、设备需要量计划是根据施工部署、主要工程施工方案、施工总进度计划、机械台班定额等进行编制的，如表 7-5 所示。它是确定施工机具设备进场、计算施工用水、用电量等的依据。

施工机具、设备需要量计划 **表 7-5**

序号	项目名称	机具设备		数量	购买或租赁时间	进出场时间				
						××××年				××××年
		名称	型号			1	2	3	…	…

2. 资源需要量局部计划

一是将各施工过程所需要的主要工种劳动力，根据施工进度的安排进行统计，则可编制出主要工种劳动力需要计划。

二是编制材料需要量计划，确定仓库或堆场面积及组织运输之用。将施工预算中工料分析表或进度表中各项过程所需用材料，按材料名称、规格、使用时间并考虑到各种材料消耗进行计算汇总而得。

三是建筑结构构件、配件和其他加工半成品的需要量计划，主要用于落实加工订货单位，并按照所需规格、数量、时间，组织加工、运输和确定仓库或堆场，可根据施工图和施工进度计划编制。对于密肋复合板结构主要制定墙板的需求量。

四是施工机械需要量计划，据施工方案和施工进度计划确定施工机械的类型、数量、进场时间，以得出施工机械的需要计划。对于密肋复合板结构施工机具还应考虑墙板的起吊设备。

7.2.3 施工平面图布置

施工平面图可分为施工总平面图和单位工程施工平面图。单位工程施工平面图是施工总平面图的具体化。在制定了施工总体方案、编制了施工总进度计划以及研究了全工地性施工业务的组织方法之后，将各项生产、生活设施（包括房屋建筑、临时加工预制场、材料仓库、堆场、水电源、动力管线和运输道路等），在现场平面图上进行周密规划和布置。通常采用1∶1000或者1∶2000的比例绘制平面图。对于大型建设项目，施工期限较长或场地条件所限时，须经几次周转使用场地，应按分阶段布置施工平面图。

单位施工平面图是对单幢建筑的施工现场的平面规划和空间布置的图示。解决施工期间所需的各种暂设工程和其他业务设施等永久性建筑物与拟建工程之间的合理的位置关系。其合理布置、认真执行与管理对施工现场组织正常生产、文明施工以及对工程进度、工程成本、工程质量和施工安全将产生重要的影响。在施工组织设计中应对施工现场平面布置进行仔细研究和周密地规划。单位工程施工平面图的绘制比例一般为1∶200～1∶500。

1. 施工总平面图布置

（1）施工总平面图设计的原则

1）在满足施工需要的前提下，尽量减少施工用地，不占或少占农田，施工现场平面布置应紧凑合理。

2）科学划分施工区域和场地，避免或减少不同专业工种和各工程之间的干扰。

3）充分利用各种永久性建筑物、构筑物和原有设施，尽可能减少临时设施费用。

4）多采用装配式施工设施，提高临时设施的安拆速度。

5）各项施工设施的布置应有利于生产、方便工人生活。

6）满足安全防火和劳动保护及环境保护的要求。

（2）施工总平面图设计的依据

1）建设项目施工相关图纸和资料，包括：建筑总平面图、地形地貌图、区域规划图、建筑项目范围内有关的一切已有和拟建的各种设施位置等设计资料。

2）建设项目施工部署、主要工程施工方案和施工总进度计划。

3）建设项目的资源需要量计划一览表。

4）现场运输道路、水源、电源的位置等情况。

5）施工项目地区的自然条件和技术经济条件。

6）各种技术规范、施工安全标准及防火要求。

（3）施工总平面图设计的主要内容

1）建设项目施工用地范围内地形等高线、一施工现场内的地上、地下已有的和拟建的建筑物、构筑物以及其他设施的位置和尺寸。

2）所有拟建建筑物、构筑物和基础设施的位置和形状。

3）施工区域的划分、各种施工机械和各种临时设施的布置位置。

4）各种建筑材料、半成品、构件的仓库和生产工艺设备及墙板生产的主要堆场、加工厂、制备站、取土弃土位置。

5）水源、电源、变压器位置，临时给排水管线和供电、动力设施。

6）施工用的各种道路的位置。

7）一切安全、消防设施位置。

8）永久性测量放线标桩位置。

(4) 施工总平面图的设计步骤

1）引入场外交通

设计施工总平面图时，应先研究用量较大的材料、成品、半成品、设备等进入工地的运输方式。当用量较大材料需要由铁路运送时，首先要解决铁路的引入问题；当大批材料是由公路运入工地时，汽车线路可以灵活布置，因此，一般先布置场内仓库和加工厂，然后再布置场外交通的引入；当大批材料是由水路运来时，应首先考虑原有码头的运用与是否增设专用码头问题。

2）确定仓库与材料堆场的位置

仓库和材料堆场的位置通常考虑设置在运输方便、位置适中、运距较短并且安全防火的地段。当大批物资采用铁路运输时，仓库应尽可能沿铁路运输线布置，并且要留有足够的装卸前线。否则，必须在附近设置转运仓库，且转运仓库应设置在靠近工地一侧，以免内部运输跨越铁路，同时仓库不宜设置在弯道处或坡道上。当采用公路运输大量物资时，仓库的布置较灵活，一般中心仓库布置在工地中央或靠近使用的地方，也可以布置在靠近于外部交通连接处。砂石，水泥、石灰木材等仓库或堆场宜布置在搅拌站、预制场和木材加工厂附近；砖、瓦和预制构件等直接使用的材料应该直接布置在施工对象附近，以免二次搬运。当采用水路运输时，一般应在码头附近设置转运仓库，以缩短船只在码头上的停留时间。

3）确定预制加工厂和制备站的位置

预制加工厂和制备站位置的布置，应以方便生产、安全防火、环境保护和运输费用最少、不影响建筑安装工程施工的正常进行为原则。一般将加工厂设在工地边缘集中布置，同时应考虑仓库和材料堆场的位置，尽量避免二次搬运。

4）确定场内运输道路

根据各施工项目、加工厂、仓库及其相对位置，研究物质转运路径和转运量，区分主次道路，对场内运输道路的主次和相对位置进行优化。确定场内道路时，应考虑以下几点：

① 尽可能利用原有和拟建的永久性道路。

② 合理安排临时道路与地下管网的施工程序。

③ 保证场地运输的通畅。场内道路干线应采用环形布置，应有两个以上进出口，且尽量避免临时道路与铁路交叉。

④ 科学确定场内运输道路的宽度。主要道路宜采用双车道，宽度不小于 6m；次要道路宜采用单车道，宽度不小于 3.5m。

⑤ 合理选择运输道路的路面结构。根据道路的主次、运输情况和运输工具的类型，选择混凝土路面、碎石级配路面、土路或砂石路。

5）确定生产、生活临时设施的位置

一般全工地性行政管理用房宜设在全工地入口处，以便对外联系；也可设在工地中间，便于全工地管理。工人需用的福利设施应设置在工人较集中的地方（或工人必经之处）。生活基地应设在场外，且不应距工地太远。食堂可布置在工地内部或工地与生活区之间。临时设施的建筑面积可根据工地施工人数进行计算。应尽量利用建设单位的生活基地或其他永久建筑，不足部分另行建造。

6）确定水电管网及动力设施的位置

根据施工现场的具体情况，确定水源和电源的类型和供应量。若有可以利用的水源、电源时，可将水电从外面接入工地，沿主要干道布置干管、主线，然后与各用户接通。施工现场供水管网有环状、枝状和混合式三种形式。临时配电线路布置与水管网相似，通常采用架空布置。根据工程防火要求，应设立消防站、消防通道和消防栓。

7）评价施工总平面图指标

施工总平面图设计通常可以有多种可行方案，当有几种方案时，应考虑施工占地面积、土地利用率、设施建造费用、施工道路和施工管网总长度等评价指标对方案进行综合分析和比较，从而确定出最优方案。

2. 单位工程施工平面图布置

（1）施工现场平面图的布置

结合施工总平面图的布置原则，应便于施工活动，有利于生活，应满足安全、消防、环境保护等的要求。

（2）施工现场平面图的设计

依施工总平面图的设计，结合施工现场的实际情况，进行方案细化，加强管理。

（3）施工现场平面布置图的内容

配合总平面图设计内容要求，标注起重机轨道和开行路线以及垂直运输设施的位置，堆料场与生活临用设施一览表，以进行安全生产与文明施工。

（4）施工现场平面图布置的步骤

1）确定起重机械的数量和位置

起重机械的数量根据选用的起重机械的生产能力、项目施工时需要起吊运输的材料机具的数量等进行确定。确定起重机数量时可采用式（7-3）进行计算。

$$N=\frac{\Sigma Q}{S} \tag{7-3}$$

式中 N——起重机的数量；

ΣQ——垂直运输高峰期每班要求的运输总次数；

S——每台起重机每班可运输的次数。

施工现场所有的起重机械可分为固定式和移动式两种。其中，移动式起重机又可分为有轨式和无轨式两种。固定式起重机械，如龙门架、井架、附着式塔式起重机等，位置应根据机械性能、建筑物屏幕尺寸、施工段的划分和材料运输要求具体确定。移动有轨式起重机械，如轨道式塔式起重机，位置应根据建筑物平面尺寸、起吊物重量和起重机起吊能力具体确定。移动无轨式起重机械，如履带式起重机、轮胎式起重机，位置要根据建筑物吊装墙板尺寸、构件重量、安装高度和吊装方法具体确定。

2）确定搅拌站、材料堆场、仓库和预制加工场的位置

搅拌站的材料堆场的位置与起重机械的类型和位置有关。施工时若采用固定式起重机

械，搅拌站及材料堆场要靠近起重机械；当采用移动式有轨起重机式，搅拌站及材料堆场应在起重半径范围内；当采用移动式无轨起重机时，应将其沿起重机械开行路线和起重半径范围布置。仓库的位置，应根据其材料使用地点优化确定。各种加工场位置应根据加工材料使用地点，以不影响主要工种工程施工为原则，方案通过优选后确定。

3）确定现场主要运输道路

施工现场的施工道路要进行合理规划和设置，可利用设计中永久性的施工道路：如采用临时施工道路，主要道路和大门口要硬地化，包含基层夯实，路面铺垫焦渣、细石，并随时洒水，减少道路扬尘，进行绿色施工。施工现场要有道路指示标志，人行道、车行道应坚实平坦，保持畅通。道路两侧要设置排水沟，保持路面排水畅通。现场的道路不得任意挖掘和截断。如因工程需要，必须开挖时，也要与相关部门协调，并将通过道路的沟渠，搭设能确保安全的桥板，以保道路的畅通。

4）临时宿舍、文化福利及公用事业房屋与构筑物等的布置

临时宿舍、文化福利及公用事业房屋与构筑物、办公室的布置应方便现场施工，有利于工人及管理人员的生活，同时要满足安全防火、劳动保护等的要求。为降低工程施工成本，可尽量利用已有建筑物或采用装配式施工板房。

5）确定水电管网

① 现场临时用水

现场临时供水主要由三部分组成：现场施工用水、施工现场生活用水和消防用水。施工用水的设计，一般包括：计算现场临时用水量、选择水源与水管网设计。

② 临时用电

建筑施工现场大量的机械设备和设施需要用电，保证供电及其安全是施工顺利进行的重要措施，施工现场临时供电包括动力用电和照明用电两种，动力用电包括土建用电及设备安装工程和部分设备试运转用电，照明用电是指施工现场和生活区的室内外照明用电。临时用电设计包括用电量计算、电源和变压器选择、配电线路的布置与导线截面。

对于现场应用商品混凝土施工，则不需设混凝土搅拌站，且应留混凝土搅拌车运送通道，做到随到随用。

7.3 密肋复合板结构工程施工组织示例

1. 工程概况

西安建筑科技大学1号学生公寓位于西建大雁塔路校区北院，呈一字行，长90.5m，宽14.3m。地上7层，半地下室1层，半地下室层高3.1m，标准层层高3.2m，顶层层高3.4m，檐口最高点29.7m。建筑物占地面积1421.35，建筑面积10306.4m^2。基础底标高－4.000m，室外地面标高－1.2m，首层地面标高±0.000m。建筑结构采用密肋复合板轻框结构体系，抗震设防烈度为8度，场地土为Ⅲ类（中软场地土)，抗震等级为二级。

基坑采用大开挖形式，挖深自室外地坪挖至相对标高－6.10m，坑底处理完后做2m厚3∶7灰土垫层，基础下做100mm厚素混凝土垫层，基础为钢筋混凝土有梁式条形基础，基础梁高0.8m。内外墙体均采用密肋复合墙体，楼梯及楼梯间均现浇。屋面为上人屋面，防水为SBS防水卷材。室外台阶为花岗岩，散水为1.2m宽混凝土散水。

本工程由西安建筑科技大学工程承包总公司施工，开工日期为1999年1月3日，竣工日期为1999年8月15日。

2. 施工准备阶段

(1) 现场准备：现场保证三通一平，并严格按照施工现场平面布置图完成对各种临建、加工和堆料场地的建造工作。

(2) 技术准备：组织现场主要技术人员对本工程所涉及的规程及施工设计图纸进行熟悉工作，完成自审工作。根据本工程采用新结构形式的特点，组织现场技术人员加强学习讨论，努力领会设计意图，对疑难问题请设计部门人员主持与组织培训学习班，进一步对新结构进行深入的设计与施工交底，力求细致详尽。完成准确及切合实际的施工图预算与施工组织设计及各项技术工作。

(3) 材料机械准备：根据本工程施工材料、机械计划表进行联系，选择厂家、商定价格、确定进货时间。对进场材料严格进行各种复检工作，严把进场材料关，对各种机械进行安装调试工作，保证机械在施工中正常运行。

(4) 施工劳动力组织：根据劳动力计划安排表，安排落实各工种，按照计划进场时间，保证工种种类及人数，及时进场。

3. 主要施工方法

(1) 地基处理：基底为3∶7灰土，换填法处理地基。设计厚度2m，施工采用人工筛土、拌合，机械碾压，分层回填。

(2) 基础工程：采用条形基础。

(3) 密肋复合墙体的现场制作：

1) 预制生产准备。现场预制蒸养池的要求：蒸养池底板、炉灶的搭设、蒸养池罩的设置等。

2) 模具的准备。外模板用5cm厚木板，按墙体设计图要求的规格尺寸制作；叠制生产10层所需的底模，采用3cm厚的木板进行加工制作（一般应采用钢模板为佳）。

3) 钢筋骨架的制作。按设计图的钢筋形状、尺寸，预先进行骨架的制作，钢筋制作前，必须持有出厂的材质合格证明和复检合格报告，合格后方可使用。

4) 混凝土浇筑。混凝土浇筑前，要严格按墙体的设计图尺寸、预埋件、预留孔洞，要进行自检、复验无误后，会同甲方及监理人员进行隐蔽检查，合格后方可浇筑。

5) 预制密肋复合墙体的制作工艺（略）。

(4) 密肋板安装工程：吊装前准备工作；起吊脱模；墙体临时固定；墙体的吊装顺序标定。

(5) 钢筋混凝土工程。主要包括地下室及屋面现浇板，标准层走道、卫生间、盥洗室、门厅现浇板，现浇楼梯、楼梯间屋面现浇板及连接柱、连接梁、现浇板带等。

(6) 屋面工程。本工程屋面为上人屋面，基层清理彻底，表面干燥，水泥焦渣找坡需贴饼、冲筋，保证坡度。

(7) 楼地面工程。地下室地面采用100mm厚C15防水混凝土，防水等级S6。楼面宿舍、值班室采用水泥砂浆，其余楼面包括门厅、走廊、楼梯间、卫生间、盥洗室均采用预制水磨石楼面，其中卫生间、盥洗室有防水作业。

(8) 脚手架及垂直运输工程。外墙采用双排外脚手架，选用扣件式钢管脚手架；井架采用八柱扣件式钢管井架采用单管构造，横杆间距1.4m，四面均设剪力撑，每4步设一道，上下连续设置天轮梁支承处八字撑处。

(9) 水、暖、电、卫工程

本工程为学生宿舍楼，属公共建筑，给排水集中在卫生间及盥洗间（包括消防系统），采暖系统为单管上供下回同程式采暖系统，照明电器、电话、电视工程及避雷系统，按设计图纸要求组织施工。三相四线制进线，进户处零线重复接地，楼内采用三相五线制，插座及分线盒均于墙内暗装，线路均加钢管保护。

各种设备、设施、管道安装时，必须严格按施工图纸及施工操作规程验评标准组织施工，由于本结构为一种新型结构形式，对管道走向位置要求严格，所以要求施工人员在施工前认真熟悉图纸，施工中与土建密切配合，根据进度要求及时安放管道、套管等，并提请土建按位置预留安装孔洞。

4. 冬雨季施工主要技术措施

(1) 本工程冬季施工，主要为3∶7灰土及条基混凝土浇筑。为保证工期和质量，根据本地区冬期温差的变化采取以下措施：

1) 3∶7灰土根据土质干湿情况，白天洒水晚上覆盖塑料布，确保无结冻现象。

2) 条基混凝土的浇筑，水加热并在搅拌时加入适当的防冻剂，确保混凝土出筒温度，混凝土浇筑后便覆盖塑料布，确保混凝土无结冻现象。

(2) 雨季施工。雨季到来之前，按总平面布置，挖好排水沟、集水坑，保护结构不被雨水浸泡。设抽水泵2台，道路地面搞好半硬化，配电箱、阀、水泥棚加防雨设置，水泥顶部除加设垫高外，还须加设防护措施。

(3) 混凝土楼板施工完工后，如遇雨时用塑料膜覆盖，以防冲坏所浇筑的混凝土。

(4) 加工用的木材要防雨淋，加工棚需用毡布覆盖保护。

5. 施工总进度

(1) 实际施工进度见横道图7-2所示。

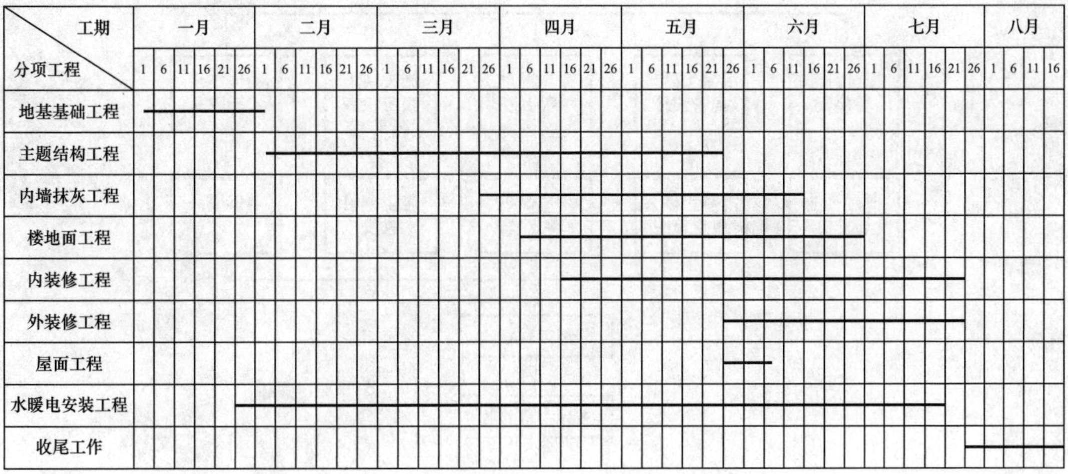

工期	一月						二月						三月						四月						五月						六月						七月						八月			
分项工程	1	6	11	16	21	26	1	6	11	16	21	26	1	6	11	16	21	26	1	6	11	16	21	26	1	6	11	16	21	26	1	6	11	16	21	26	1	6	11	16	21	26	1	6	11	16
地基基础工程																																														
主题结构工程																																														
内墙抹灰工程																																														
楼地面工程																																														
内装修工程																																														
外装修工程																																														
屋面工程																																														
水暖电安装工程																																														
收尾工作																																														

图7-2 该项目施工进度计划横道图

(2) 2000年1月3日开工前，必须完成各项施工准备工作。

（3）预制密肋板工程与主体安装工程相对独立，但必须保证主体安装具备足够的预制墙体。

（4）本工程由于工期紧，在二层主体结构完成后便进入室内抹灰工程，与主体工程平行施工，保证了施工进度的总体安排。

（5）为保证总体进度安排，原则上先主体、后安装水、暖、电，但为保证进度要求，实际采取了相互交叉立体施工的方法。

6. 质量保证体系措施

（1）认真执行项目管理要求，推行质量目标管理，以及材料进场到加工成型验收，全部实行质量检验监督制度。

（2）现场施工实行三挂牌制度，以及抓好计量工作，推行质量网络管理。

（3）对混凝土、砂浆、防水材料应提前委托有资质的试验单位做好配合比设计并交甲方监理人员认证后才能使用。各专业、各工种严格执行国家有关的施工技术操作规范及检验评定标准以及本工地特殊规定的有关技术要求文件。

（4）对于本工程采用的新型结构类型，质量上主要有两个环节要严格把握：一是密肋墙体预制；二是密肋墙体吊装。要严格按照设计方案的施工顺序及工艺以及施工图纸和施工规范的要求进行施工。

（5）在进入大面积施工前，每个工种，推行“样板间”，作为施工操作标准，争取一次达优，提高验收效率。

（6）本工程质量保证体系与质量验收系统见图 7-3、图 7-4 所示。

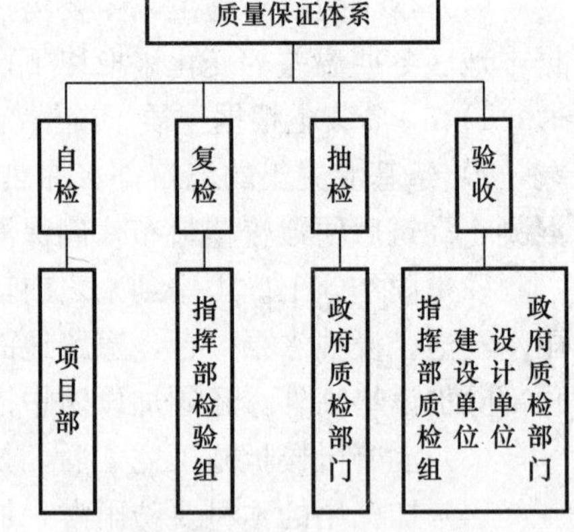

图 7-3　质量保证体系框图

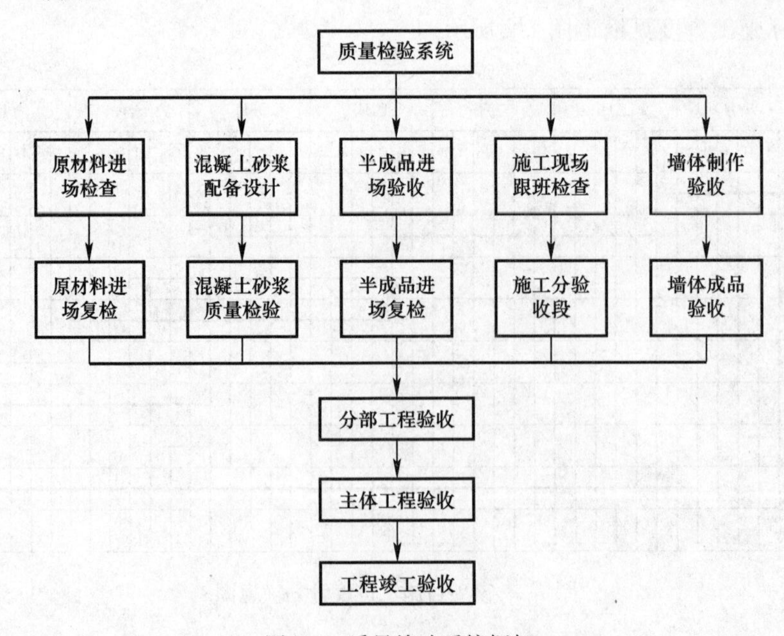

图 7-4　质量检验系统框架

7. 施工平面图

本工程的施工平面布置图如图 7-5 所示。该项目在建成后，使用效果良好。

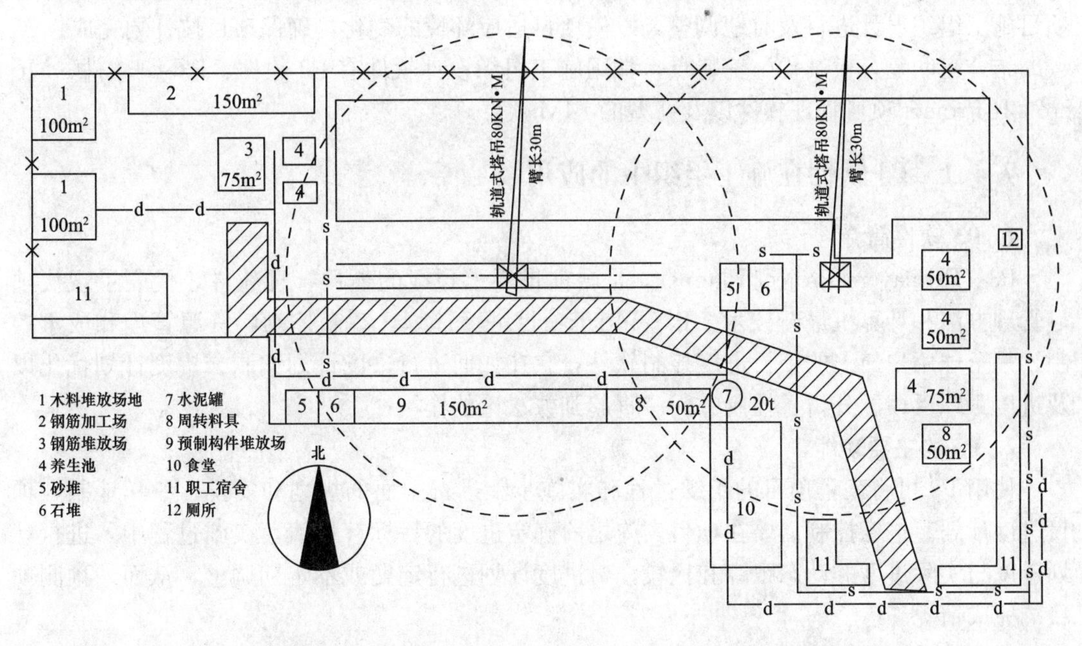

图 7-5　西安建筑科技大学 1 号公寓施工平面图

7.4　施工组织设计软件简介

随着计算机技术的发展和计算机网络的应用，建筑施工企业广泛采用计算机网络平台进行企业管理和工程项目管理。现代工程项目需要对工程施工全面规划和动态控制，处理大量的信息，并要求在较短时间内准确、及时地提供和工程项目有关的决策信息。利用计算机网络可提高获取信息的速度和数量，在土木工程施工组织中可对施工方案的编制、经济技术分析、施工进度安排、施工平面图规划设计、施工组织的实施跟踪等起到重要的作用。

计算机和网络在施工组织设计中的应用主要表现在以下方面：

（1）利用计算机软件编制施工组织设计。在施工组织设计编制过程中应用专门的施工组织设计编制软件可以提高编制的速度和质量，且便于编制人员进行修改。

（2）绘制施工进度计划。利用各种进度计划编制软件可以编制施工进度计划，对施工进度计划进行优化、检查、调整和控制，通过软件，无需画草图，只要输入相关参数或利用鼠标拖曳画图，即可画出网络图或者横道图，且能相互转化。

（3）绘制施工平面图。利用绘制施工组织设计的专业软件，可以快速、准确、美观地绘制施工现场平面布置图。专业施工组织设计绘图软件一般都包含丰富的基本图形组件，提供多种包含标准建筑图形的图元库，操作方式简单便捷，能够快速、准确画出符合绘制施工平面布置图的特点和要求的平面图。

（4）在施工组织中利用计算机网络及时获取、处理和利用各种有用信息。现代施工组织需要大量信息，有来自项目部的内部信息，也有各种外部信息，如完成的工程量、现有和已占用的资源、有关法规、政策等，均可通过计算机网络进行传输。企业和项目经理部应建立自己的计算机局域网和管理信息系统，以便及时收集有关信息，依据收集的信息对项目施工组织设计进行及时地调整，以使项目适应环境的变化，确保项目按计划完成。

结合密肋复合板结构施工特点，常用施工组织设计软件有 P3 软件、P3e/c 软件、Microsoft Project 项目管理软件以及新型的 BIM 软件等。

7.4.1 P3软件在施工组织中的应用

1. P3 软件简介

P3（Primavera Project Planner）是目前世界上顶级的项目管理软件，代表了现代项目管理方法和计算机最新技术。P3 可用于项目进度计划，动态控制，资源管理和成本控制，是全球用户最多的项目进度控制软件，它在如何进行进度计划编制、进度计划优化以及进度跟踪反馈、分析、控制方面一直起到方法论的作用。

2. P3 的主要功能

使用 P3 可将工程项目的组织过程和实施步骤进行全面的规划和安排，科学地制定项目进度计划。进度控制需要在项目实施之前确定进度的目标计划值，实施过程中，进行计划进度与实际进度的动态跟踪和比较，对进度计划进行定期或不定期调整，从而，预测项目的完成情况。

P3 软件的主要功能有：(1) 强大的项目管理功能；(2) 项目资源管理、计划优化功能；(3) 对项目中的工作进行分解和处理；(4) 编制施工进度和资源计划。

3. P3 软件的应用

P3 软件的项目进度计划的应用步骤分为：(1) 新建项目和编码结构；(2) 编写作业清单；(3) 添加作业逻辑关系；(4) 进度计算。

7.4.2 Microsoft Office Project 在施工组织中的应用

Microsoft Office Project 是 Microsoft 公司 1990 年发布的第一个功能强大、适应性强的基于 Windows 项目管理软件，它能帮助用户管理从简单的个人计划到复杂的企业任务，使用户能够规划和跟踪任务的进行。多年来，Microsoft 公司共推出了 8 个版本，如：Project 1.0、Project2000、Project2002、Project2003 和 Project2007 等，目前的最新版本是 Project2007。Project 软件是一个以项目成本管理为核心的软件，项目管理涉及到资源、成本、任务、日程、进度、多项目协作和工作组内的通信等内容，随着 Internet 的普及和项目管理需求的日益增加，Project 更加突出其项目管理和信息、共享、交流的功能。Project 的项目进度计划对土木工程施工组织的施工编排十分适用。

Project 的项目进度计划的应用步骤分为：(1) 创建新项目；(2) 创建任务列表；(3) 检查任务工期；(4) 任务文件的格式和输出。其中视图类型包括任务视图、和工作分配视图；视图格式包括：甘特图、网络图、图表、工作表、使用状况和窗体。

7.4.3 BIM 软件在施工组织中的应用

BIM 是“建筑信息模型”（Building Information Modeling）的简称，被称为“革命性”的技术，建筑信息模型集成了模型所有的几何信息、功能要求以及构件性能，将建设项目全生命周期内所包含的信息完全整合到一个单独的模型里，其中包括项目的施工进度、施工工艺过程、运营维护等过程信息。BIM可以自动生成平面图、立面图、剖面图及明细表，可以大大的节省人力资源，并且方便工程人员找出问题所在。BIM建模过程中需要运用多种软件，包括：建筑与结构设计软件、结构分析软件、施工进度管理软件等等。

BIM整体参数模型综合包括建筑、结构、机电等专业BIM模型，将各个专业紧密联系到了一起，真正起到协调各专业模型的作用，使同步化得到真正的实现。各专业间的矛盾冲突可以通过相关软件在实际工程实施之前进行模拟，发现问题，采取措施，在施工前得以纠正，降低施工失误和返工。BIM模型的建立为项目各参与方的交流提供方便，可以运用3D平台直接进行设计工作。通过BIM相关软件建立3D模型，表现完整的建筑和结构，包含构件几何信息和空间位置、材质、搭接关系等多种数据信息，并且通过相关软件的多视图功能，可实现360°全方位无死角浏览建筑整体外观以及建筑细部构件。

BIM从3D模型发展出4D建造模拟功能，更直观真实的反映了施工建设进度安排。在工程施工中，使全体参建人员很快理解进度计划的重要节点，有利于发现施工进度偏差，及时采取措施，快速的联动修改进度计划。因此，施工人员应参与设计阶段3D模型的创建，以便更好地依靠4D模型调整设计方案，合理安排进度，使项目设计方案的施工性更加合理。

此外，运用相关软件与BIM相结合可以应用于整个项目的进度计划安排，成本预算，能耗模拟以及绿色建筑模拟等，从而在项目建设前清晰的了解到项目的各项指标等，促进密肋复合板结构的推广应用。

目前，国内进行项目管理方面和施工组织设计软件开发的计算机技术公司较多，如：北京速恒信息技术公司、杭州品茗科技有限公司、广联达计算机公司、恒智天成软件技术有限公司、智通软件公司、北京梦龙科技有限公司、深圳市斯维尔科技有限公司、亿通软件有限公司等，所开发的施工组织设计类软件有标书制作系统、网络计划软件、施工现场平面图绘制软件、网络图制作系统等，这些软件在工程项目管理中得到了广泛的应用并取得了一定的效果，提高了编制施工组织设计的速度和质量。对于结合密肋复合板结构体系的施工组织设计软件的开发与应用，仍需作进一步探讨。

第 8 章　密肋复合板结构工程经济

社会的进步与发展同人类有目的、有组织的工程经济活动是不可分割的。由于工程经济活动需要消耗经济资源，对于最大限度地节约资源，使工程经济活动的效果满足人们的需求，显得尤为重要。

工程经济活动将科学研究、生产实践、经济积累中所得到的科学知识有选择地、创造性地应用到最有效地利用自然资源、人力资源和其他资源的经济活动和社会活动中，以满足人类需要的过程。

结合密肋复合板结构的特点，从其预算定额中消耗量指标的确定、预算定额的测定以及密肋复合板经济分析对其工程经济加以论述。

8.1　消耗量指标

预算定额中的消耗量包括人工工日消耗量、材料消耗量和机械台班消耗量。分别对密肋复合板结构的人工工日消耗量指标、材料消耗量指标以及机械台班消耗量指标进行确定，进而确定密肋复合板结构的预算定额。

8.1.1　人工工日消耗量

预算定额人工工日消耗量指在正常施工条件下，生产单位合格建筑安装产品（分部分项工程或结构构件）所必须消耗的某种等级的人工工日数量。

1. 人工工日消耗量的确定

预算定额人工工日消耗量确定有两种方法：一种是以劳动定额为基础确定；另一种以现场观察测定资料为基础确定，主要用于当劳动定额缺项时，采用现场工作日实测查定和计算定额的人工消耗量。

人工工日消耗量是由基本用工和其他用工两部分组成。

（1）基本用工

基本用工指完成一定计量单位分项工程或结构构件所必须的主要用工量。预算定额是综合性定额，包括的工程内容很多，工效也不一样。其计算公式如下：

$$基本用工消耗量=\Sigma（综合取定工程量\times 时间定额）$$

其中，时间定额指某工种、某种技术等级工人班组或个人，在合理的劳动组织、合理的使用材料及施工机械同时配合的条件下，完成单位合格产品所必需消耗的工作时间。一般采用工日为计量单位。

（2）其他用工

其他用工指劳动定额内没有包括而在预算定额内又必需考虑的工时消耗。包括超运距用工、辅助用工和人工幅度差。

1）超运距用工：指预算定额中取定的材料、半成品等运输距离超过劳动定额所规定的运输距离，而需增加的工日数。一般可按下式计算：

超运距用工量＝Σ（综合取定工程量×时间定额）

其中，超运距＝预算定额规定的运距－劳动定额规定的运距

2）辅助用工：指技术工种劳动定额内不包括而在预算定额内又必须考虑的工时。可按下式计算：

辅助用工量＝Σ（加工材料数量×时间定额）

3）人工幅度差：指在劳动定额作业时间之外，应考虑的在正常施工条件下所发生的各种工时损失。内容如下：

① 各工种间的工序搭接及交叉作业互相配合所发生的停歇用工；

② 施工机械在单位工程之间转移及临时水电线路移动所造成的停工；

③ 质量检查和隐蔽工程验收工作的影响；

④ 工序交接时对前一工序不可避免的修整用工；

⑤ 细小的难以测定的不可避免的工序和零星用工所需的时间等。

可按下式计算：

人工幅度差＝（基本用工＋超运距用工＋辅助用工）×人工幅度差系数

人工幅度差系数一般取值范围为10%～15%。

2. 工时消耗的测定

密肋复合墙体的施工过程可分为模板工程、钢筋工程、混凝土工程、养护、吊装和安装六部分，现场采用选择测时法进行测定，为保证测时资料的可靠性，首先需要选择测定对象，并合理确定观测次数和稳定系数。

（1）墙体的抽取

选择吊装工作条件一致的墙体进行随机抽取，保持其真实性与代表性。

（2）观测次数的确定

稳定系数 K 由下式求出：

$$K=\frac{X_{max}}{X_{min}} \tag{8-1}$$

式中 X_{max}——最大观测值；

X_{min}——最小观测值。

算术平均值精确度（E）与观测次数 n 之间的关系可用下式表示：

$$E=\pm\frac{1}{x}\sqrt{\frac{\Sigma\Delta^2}{n(n-1)}} \tag{8-2}$$

标准差：

$$S=\sqrt{\frac{\sum_{i=1}^{n}(x_1-\overline{x})^2}{n-1}} \tag{8-3}$$

真实值 X 对算术平均值 $\overline{X}$ 间的误差：

$$d=|\overline{X}-X|=\sqrt{\frac{D^2}{n-1}} \tag{8-4}$$

算术平均值精确度：

$$E=\pm\frac{\delta}{x}=\pm\sqrt{\frac{\Sigma\Delta^2}{n(n-1)}} \tag{8-5}$$

以吊装工序为例计算上述指标：

$K=72.5/71.6=1.02$

$\overline{X}=(71.7+72.1+71.9+72.3+72+71.6+72.2+71.8+72+72.5+71.7)\div 12=72$

$\Sigma\Delta^2=(71.7-72)^2+(72.1-72)^2+(71.9-72)^2+(72.3-72)^2+(71.6-72)^2+(72.2-72)^2+(71.8-72)^2+(72.2-72)^2+(72.5-72)^2+(71.7-72)^2=0.82$

$E=1/72*\sqrt{0.82/(12*11)}=0.11\%$

根据计算结果，由观测次数表可知观测次数满足要求，确定观测次数为 12 次。其余工序计算过程（略），观测次数同为 12 次。

3. 人工消耗量指标的确定

密肋复合墙体制作工时消耗量选用测时方法计算，经过 200mm 墙体测（250mm 厚墙体工日消耗的测算方法与此相同），预算定额中人工消耗量指标的确定应在工时消耗研究结果的基础上，考虑辅助用工和人工幅度差等因素，根据调查及国家有关规定，综合取定为 25%。故该 200mm 厚墙体从制作到安装的人工消耗量：

$$3.86\times 1.25=4.83\ (\text{工日}/10\text{m}^2)$$

8.1.2 材料消耗量

材料消耗量定额指在合理和节约使用材料的条件下，生产单位合格建筑安装产品（分部分项工程或结构构件）必须消耗的一定品种规格的原材料、次要材料和周转性材料的数量标准。

1. 材料消耗量的确定

材料按用途划分为主要材料、辅助材料、周转性材料和其他材料。

（1）主要材料的确定

1）材料净用量计算

主要材料材是指直接构成工程实体的材料，其中也包括成品、半成品的材料。

结合本工程的构造做法，按综合取定的工程量及有关资料运用理论计算法加权平均计算确定主材净用量。

2）材料损耗量的确定

材料损耗量以损耗率表示，其计算公式为：

$$\text{损耗率}=\frac{\text{损耗量}}{\text{净用量}}\times 100\%$$

运用现场观测法结合有关规定损耗率取定为：加气混凝土：3.5%；钢筋：2%；硅酸盐水泥（42.5 级）：1%。

3）主材消耗量由主材净用量和主材损耗量两部分组成，其计算公式为：

$$\text{主材消耗量}=\text{净用量}\ (1+\text{材料耗损率})$$

（2）辅助材料消耗量的确定

辅助材料是构成工程实体除主要材料外的其他材料。如垫木、钉子、铅丝等。而预算定额的材料消耗量，是以主要材料为主列出的，次要材料不列出，通常采用估算等方法求次要材料使用量，将此类材料综合为“其他材料费”以“元”为计量单位来表示。计算各定额子目的其他材料费时，应首先列出次要材料的内容和消耗量，然后分别乘以材料的预算单价，其计算公式可用下式表示：

其他材料费＝Σ［材料净用量×(1＋损耗量)×材料预算价格］

(3) 周转性材料消耗量的确定

周转性材料是指脚手架、模板等多次周转使用的不构成工程实体的摊销性材料。预制密肋复合板的木模板的具体周转次数是根据国家的有关规定和实地调研的结果确定为：外模 5 次（厚 5cm）；内模和底模 10 次（厚 3cm）。

木模板一次使用量和摊销量的关系为：

$$摊销量=\frac{一次使用量}{周转次数}$$

其中：一次使用量依据图纸加权平均计算，同时考虑了 5%的损耗率。

2. 材料消耗量的测定

通过在密肋复合板试点工程的现场测定，材料消耗数量测算结果如表 8-1 所列。

材料消耗数量测算表（每 10m² 墙体） **表 8-1**

材料名称		单 位	数 量	
			200mm	250mm
规格料	外模	m^3	0.14	0.16
	底模	m^3	0.03	0.03
	内模	m^3	0.022	0.029
加气混凝土		m^3	1.15	1.5
钢筋		m^3	36.7	238.9
混凝土	硅酸盐水泥（42.5 级）	m^3	218.96	273.7
	净砂	m^3	0.24	0.3
	碎石	m^3	0.47	0.59
	水	T	0.71	0.89
冷底子油	石油沥青 60	kg	1.5	1.5
	汽油	kg	3.7	3.7
预埋铁件		kg	3.76	3.76

注：以上材料消耗数量已考虑损耗量。

8.1.3 机械台班消耗量

机械台班消耗量定额指在合理使用机械和合理施工组织条件下，完成单位合格产品所必须消耗的机械台班的机械台班数量的标准。预算定额中的机械台班消耗量定额是以台班为单位计算的，一台机械工作 8h 为一个“台班”。

1. 编制依据

定额的机械化水平，应结合密肋复合板结构已建工程所使用的方法为标准。

确定预算定额中施工机械台班消耗指标，应根据现行全国统一劳动定额中各种机械施工项目所规定的台班产量进行计算。

2. 编制方法

（1）确定正常的施工条件

拟定机械工作正常条件，主要是拟定工作地点的合理组织和合理的工人编制。

工作地点的合理组织，是对施工地点机械和材料的放置位置，工人从事操作的场所，做出科学合理的平面布置和空间安排。要求施工机械和操纵机械的工人在最小范围内移动，且又不阻碍机械运转和工人操作；应使机械的开关和操纵装置尽可能集中地装置在操纵工人的近旁，以节省工作时间和减轻劳动强度，最大限制发挥机械的效能，减少工人的手工操作。

拟定合理的工人编制，就是根据施工机械的性能和设计能力，工人的专业分工和劳动工效，合理确定操作机械的工人和直接参加机械化施工过程的工人的编制人数。拟定合理的工人编制，应要求保持机械的正常生产率和工人正常的劳动工效。

（2）确定机械一小时纯工作正常生产率

确定机构正常生产率时，须先确定出机械纯工作一小时的正常生产效率。

机械纯工作时间，就是指机械的必需消耗时间。机械一小时纯工作正常生产率，就是在正常施工组织条件下，具有必需的知识和技能的技术工人操纵机械一小时的生产率。

确定机构纯工作一小时正常生产率的计算公式如下：

$$\text{机械一次循环的正常持续时间}=\Sigma\begin{matrix}\text{循环各组成部分}\\\text{正常延续时间}\end{matrix}-\text{交叠时间}$$

$$\text{机械纯工作一小时循环次数}=\frac{60\times60\text{s}}{\text{一次循环的正常延续时间}}$$

$$\text{机械纯工作一小时正常生产率}=\begin{matrix}\text{机械纯工作一小时}\\\text{正常循环次数}\end{matrix}\times\begin{matrix}\text{一次循环生产}\\\text{的产品数量}\end{matrix}$$

（3）确定施工机械的正常利用系数

确定施工机械的正常利用系数，是指机械在工作班内对工作时间的利用率。机械的利用系数和机械在工作班内的工作状况有着密切的关系。因此，要确定机械的正常利用系数，拟定机械工作班的正常工作状况，保证合理利用工时问题。

确定机械正常利用系数，要计算工作班内正常状况下准备与结束时间，机械启动、机械维护等工作所必需消耗的时间，以及机械有效工作的开始与结束时间，从而进一步计算出机械在工作班内的纯工作时间和机械正常利用系数。

（4）计算施工机械定额

在机械工作正常条件下，机械一小时纯工作正常生产率和机械正常利用系数之后，采用下列公式计算施工机械的产量定额：

$$\begin{matrix}\text{施工机械台班}\\\text{产量定额}\end{matrix}=\begin{matrix}\text{机械一小时纯工作}\\\text{正常生产率}\end{matrix}\times\text{工作班延续时间}\times\begin{matrix}\text{机械正常}\\\text{利用系数}\end{matrix}$$

3. 机械台班消耗量测定及费用

密肋复合板结构工程项目施工过程中机械价格的确定套用了陕西省定额（1999）的相关规定。根据现场观测各机械的台班工作效率和根据图纸计算的每 10m^2 工程量转化而成。计算结果见表 8-2。

机械台班消耗量及费用　　表 8-2

机械名称	费用（元）		单　价	台班数量（台班/$10m^2$）	
	200mm	250mm		200mm	250mm
塔吊	16.92	16.92	367.92元/台班	0.46	0.46
混凝土搅拌机械	10.87	13.59	19.41元/m^3	0.028	0.035
砂浆搅拌机械	6.76	8.54	33.79元/m^3	0.01	0.013
钢筋调、割机械	1.45	1.53	39.40元/kg	0.037	0.039
冷底子油机械	0.51	0.51	5.08元/$100m^2$	0.1	0.1
合计	36.51	41.09			

8.2 工程预算定额

预算定额指在合理的施工组织设计、正常施工条件下，生产一个规定计量单位合格产品所需的人工、材料和机械台班的社会平均消耗量标准，是计算建筑安装产品价格的基础。

8.2.1 工程预算定额的概述及作用

1. 工程预算定额的概述

预算定额是工程建设中一项重要的技术经济文件，其各项指标反映了完成规定计量单位符合设计标准和验收规范的分项工程所消耗的数量活劳动和物化劳动的数量限度。这种限度最终决定着单项工程和单位工程成本和造价。

预算定额是一种计价性的定额，是具体企业定额的性质，它用来确定建筑安装产品的计划价格，并作为对外结算的依据。预算定额考虑的可变因素和内容范围较广，反映了社会的平均水平，即现实的平均中等生产条件、平均劳动熟练程度、平均劳动强度下，多数企业能够达到或超过，少数企业经过努力也能够达到的水平。

2. 预算定额的作用

（1）预算定额是编制施工图预算、确定建筑安装工程造价的基础。施工图设计完成以后，工程预算就取决于预算定额水平，人工、材料和机械台班的单价，取费标准等因素。预算定额起着控制劳动消耗、材料消耗和机械台班使用的作用，进而控制着建筑产品价格。

（2）预算定额是编制施工组织设计的依据。施工组织设计的重要任务之一是确定施工中人工、材料和机械的供求量，并做出最佳安排。

（3）预算定额是工程结算的依据。工程结算是建设单位和施工单位按照工程进度对已完的分部分项工程实现货币支付的行为。按进度支付工程款，需要根据预算定额将已完工程的造价计算出来。

（4）预算定额是施工单位进行经济活动分析的依据。预算定额规定的人工、材料和机械的消耗指标是施工单位在生产经营中允许消耗的最高标准。

（5）预算定额是编制概算定额的技术。概算定额是在预算定额的基础上经综合扩大编制的。

（6）预算定额是合理编制招标标底、拦标价和投标报价的基础。在招投标阶段，建设单位进行标底、栏标价的编制时，需要参照预算定额。

8.2.2 工程预算定额测定

密肋复合板结构是一种全新的结构体系，目前我国尚无相关的定额，为填补这一空白，顺应新型结构体系的推广与发展的需求，课题组以西安建筑科技大学 1 号学生公寓工程及西安市更新街小区为对象，进行了大量而细致的工作，为本结构体系定额的制定奠定了良好的基础。

结合本结构体系的特点，大部分项目均可按现行标准执行，而制约本结构体系工程预算的因素主要有以下两点：

1. 工程类别的确定：结合前期近 8 万 m^2 试点工程建设，研发课题组认为本结构体系工程类别确定，对于多层建筑应低于框架结构而高于砖混结构，对于中高层建筑应按框架或框架—剪力墙执行。

2. 密肋复合墙体：密肋复合墙体无论是现场制作还是工厂化生产，均可按预制构件考虑。因此，对密肋复合墙体有明确的工程预算定额，本结构体系的工程预算问题将迎刃而解。其复合墙体定额测定内容如下框图 8-1 所示。

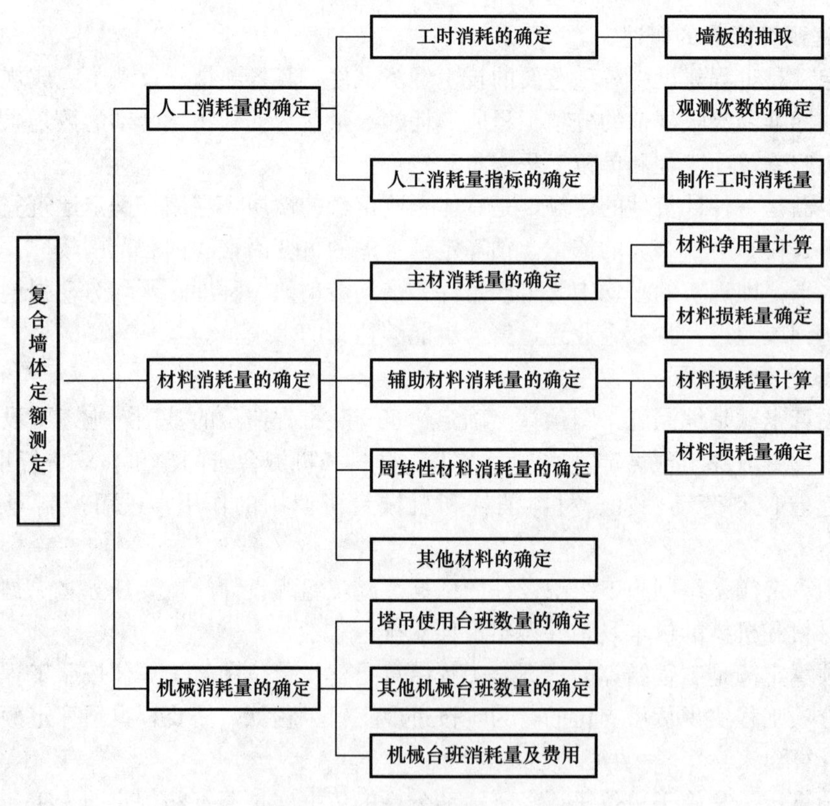

图 8-1 密肋复合墙体定额测定

8.2.3 工程定额测定结果

密肋复合墙体定额测定结果如表 8-3 所示。

密肋复合墙体定额项目表　　表 8-3

项目			密肋复合墙体（$10m^2$）	
			200mm	250mm
基价（元）			710.08	829.05
其中	人工费（元）		98.10	104.19
	材料费（元）		575.47	683.77
	机械费（元）		36.51	41.09
名称	单位	单价	数量	
人工工日	工日	20.31	4.83	5.13
硅酸盐水泥（42.5级）	kg	0.26	218.96	273.70
净砂	m^3	25.00	0.24	0.30
碎石	m^3	38.70	0.47	0.59
水	m^3	1.24	0.71	0.89
规格料	m^3	838.13	0.192	0.219
加气混凝土	m^3	160.00	1.19	1.55
钢　筋	kg	3.18	36.7	38.9
预埋铁件	kg	3.18	3.76	3.76
石油沥青 60	kg	0.98	1.5	1.5
汽油	kg	2.70	3.7	3.7
其他材料费	元	1.00	2.204	2.504

注：人工、材料、机械的预算单价按陕西省预算定额（1999）执行。

8.2.4 定额使用说明

1. 本定额适用于现场预制板厚为 200mm 及 250mm 的密肋复合墙体工程。

2. 定额中的混凝土标号为 C20，与实际不同时可进行换算。

3. 钢筋：（1）墙体中的钢筋以 $\phi5$ 为主，局部加强采用 $\phi6$，箍筋为 $\phi4$；（2）定额中预埋铁件已考虑了构件钢筋与铁件需要电弧或螺栓连接等因素。

4. 模板定额是按木模板考虑的，所采用的木材为国产原木，如使用的模板种类（如钢模等）与定额不符时，可进行换算。

5. 密肋复合墙体是按蒸气养护考虑的，每 $10m^2$ 预制构件另加蒸养护费根据板厚的不同分别为：16.8 元、21.0 元。

6. 定额内隔离剂采用冷底子油，实际情况与此不符时，可进行换算。

密肋复合板结构体系密肋复合墙体制作安装定额的测定，经过施工、设计、建设单位及有关部门的反复论证，一致认为：该定额的测定条件正常，测定结果符合实际消耗，可作为编制该类工程预算造价文件的参考依据。随着该结构体系的逐步推广、墙体生产工艺和测定手段的改进，密肋复合墙体定额标准的制定还需要进行不断的完善。

8.3 密肋复合板结构工程经济分析

密肋复合板的墙体不仅起围护、分隔空间和隔音保温作用，而且可作为承力构件使用，从而可有效减小框架截面尺寸及配筋量，降低结构经济指标。同时，由于它独特的构造特点使其承力体系的三部分构件：砌块、肋格及外框，能够分阶段释放地震能量。热工试验表明：200mm 厚外墙总传热阻大于 615mm 厚粘土实心砖墙，相当 490mm 厚空心砖墙。复合墙体是由截面及配筋较小的钢筋混凝土为框格，内嵌炉渣、粉煤灰等工业废料配置而成。据统计，每建 1 万 m^2 建筑，可避免挖土毁田 1.2 亩，消耗工农业废料 2000～3000m^3 节约标准煤，60～80t。

8.3.1 基础数据

拟建工程项目，单位造价 1312.12 元/m^2，其中建筑工程造价为 1107.11 元/m^2；综合节能设计（按照居住建筑节能设计标准 65％节能的要求设计）与非节能建筑比较所增加投资为 205.01 元/m^2。若与传统框架结构相比（建筑工程造价为 1209.32 元/m^2），采用综合节能设计方案初期投资增加 102.8 元/m^2。

由实际工程统计数据得知传统框架结构建筑每年采暖能耗为标煤 0.027t/m^2，其他能耗 32kW・h/m^2。标准煤的价格若按照市价 400 元/t 计算，1kW・h 电量按照当前市价 0.75 元计算，则传统框架结构建筑每年能耗为 34.78 元/m^2，而密肋复合墙综合节能设计（65％节能要求）相比传统框架结构每年在能耗上可节约综合运行 17.39 元/m^2。具体分析数据见表 8-4 所示。

密肋复合墙结构综合节能热工设计计算分析　　表 8-4

<table>
<tr><th colspan="2">节能项目</th><th>技术方案</th><th>节能 65％设计计算及限制指标</th></tr>
<tr><td colspan="2">外墙设计</td><td>密肋复合墙体 200mm＋聚苯板（EPS 保温板）60mm</td><td>外墙体设计传热系数 K＝0.534W/(m^2・K)（传热系数限制 [K] ＝0.57W/(m^2・K)）</td></tr>
<tr><td colspan="2">楼梯间外墙设计</td><td>密肋复合楼板 200mm＋挤型聚苯乙烯泡沫塑料板 50mm</td><td>设计传热系数 K＝0.55W/(m^2・K)（传热系数限制 [K] ＝0.59W/(m^2・K)）</td></tr>
<tr><td colspan="2">屋面设计</td><td>密肋复合楼板＋70mm 厚苯板</td><td>设计传热系数 K＝0.449W/(m^2・K)（传热系数限制 [K] ＝0.47W/(m^2・K)）</td></tr>
<tr><td colspan="2">地下室顶面设计</td><td>密肋复合板 100mm＋140mm 苯板</td><td>设计传热系数 K＝0.331W/(m^2・K)（传热系数限制 [K] ＝0.34W/(m^2・K)）</td></tr>
<tr><td colspan="2">门窗设计</td><td>单层复合保温木板，采用 WT60 及 85 系列推拉单框中空玻璃塑钢窗</td><td>设计传热系数 K＝2.7W/(m^2・K)（传热系数限制 [K] ＝3.15W/(m^2・K)）</td></tr>
<tr><td rowspan="2">供暖系统设计</td><td>供暖热源</td><td>锅炉采用燃气真空锅炉</td><td>锅炉生产 65～400℃热水，热效率达 91％～92％</td></tr>
<tr><td>供暖方式</td><td>屋顶敷设供回水干管，每单元为一分支，竖向供回水管置于管井内，采用新双管系统。房间内采用低温热水辐射供暖方式</td><td>室内计算温度为 T_n＝20 度</td></tr>
<tr><td colspan="2">供电设计</td><td>太阳能光伏发电用于太阳能日用电子产品</td><td>太阳电池组件不仅可以作为能源设备，还可最为屋面和前面材料，供电节能，节省建材</td></tr>
</table>

8.3.2 经济效益分析

运用工程经济学原理，对拟建密肋复合板结构综合节能工程项目的长期经济效益进行评估。对比分析密肋复合墙结构综合节能工程项目和传统框架建筑体系的投资效益，并对拟建工程项目的能耗水平进行定量、定性分析，各项经济指标如表 8-5 所示。

经济指标评估结果 **表 8-5**

评价指标	计算公式	计算结果	备 注
节能投资回收期	$P_t=\dfrac{\log\dfrac{A}{A-I\cdot i}}{\log\ (1+i)}$	n=7.64	与传统框架结构相比，采用综合节能设计方案初期投资增加了102.9元/m²，经过7.64年即可收回初期增加的投资
50年后综合节能设计方案共计节约运行成本	$P=\dfrac{A\cdot[(1+i)^n-1]}{[i\cdot\ (1+i)^n]}/=A\ (P/A,\ i,\ n)$	3156.87元/m²	按照建筑寿命使用期为50年计算与传统框架结构相比，综合节能设计方案50年后能够节约综合运行成本3156.87元/m²
节能收益	$A=\dfrac{P\ [i\cdot\ (1+i)^n]}{[(1+i)^n-1]}=P\ (A/P,\ i,\ n)$	17.39元/m²	与传统框架结构相比，采用综合节能设计方案每年在耗能上可节约综合运行成本17.39元/m²
实际节能建设投资回收率	$I=\dfrac{A}{P}$	$I=17\%$	大于《民用建筑节能设计标准》中规定实际节能建设投资回收率（$I=10\%$）
节能投资	$P=P_1-P_2$	102.8元/m²	投资效果好，短期内即可收回

注：其中综合节能设计的投资增加额（用 P 表示）；由于采用节能设计每年在耗能上节约的受益（用 A 表示）；使用节能设计的投资增加部分经过 n 年可收回（n 表示回收期）。

8.3.3 节能效果分析评价

1. 等耗能比较

建筑节能的实质就是在建筑物的整个寿命期内定额耗能。若建筑的使用期限和其平均年能耗乘积是一个定值。这样就得到了一个建筑体系的等能耗曲线，如图8-2所示。

通过分析可见，在相同的使用期限下采用密肋复合墙综合节能建筑的平均能耗最小，其能耗低于节能建筑的平均能耗，远低于传统框架结构平均能耗。

2. 累积能耗比较

采用密肋复合墙结构综合节能设计方案的建筑体系的能耗要小于采用传统框架结构的建筑体系，如图8-3所示。

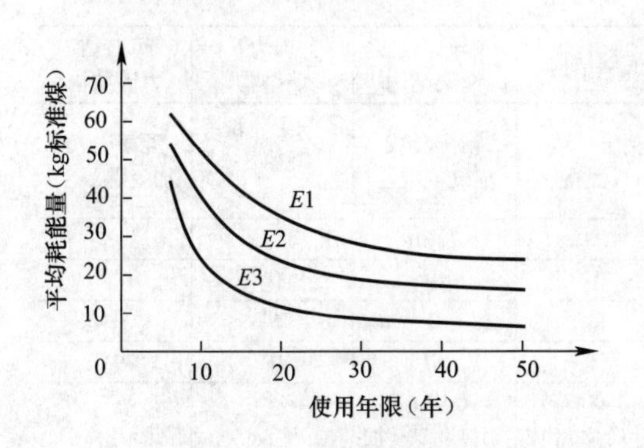

图 8-2 等能耗曲线

$E1$——密肋复合墙综合节能建筑的平均能耗；

$E2$——普通节能建筑的平均能耗；

$E3$——传统框架结构的平均能耗。

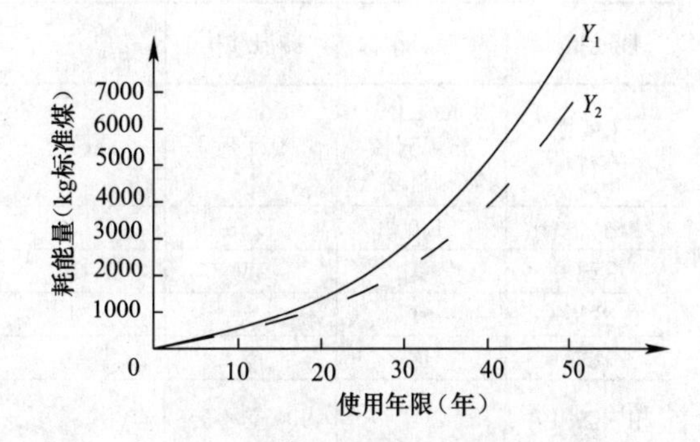

图 8-3 两种建筑体系的能耗比较

Y_1——传统框架结构建筑体系的能耗；

Y_2——综合节能设计建筑体系的能耗。

由上图可以看出，密肋复合墙综合节能设计和传统框架节能设计相比较，虽然传统框架结构设计的建筑初期投资少，但后期节能效果不理想，因此密肋复合板结构综合节能设计比传统框架结构设计更加经济、合理。

从以上主要经济指标看，采用密肋复合板结构综合节能设计方案不仅达到了国家有关建筑节能的相关要求，减少了能源消耗和环境污染，而且与传统框架结构相比，初期增加的投资在短期内可收回，财务评价效益较好。

密肋复合墙体与传统粘土砖墙相比，能够提高房屋建筑的可靠性，且施工快捷，能够与节能技术集成应用，为建筑节能技术提供了新的途径。采用该结构目前已建房屋与在建工程及拟建项目节省了土建投资，取得了显著的经济、社会及环境效益，具有很好的应用前景，符合国家可持续发展战略，对行业的科技进步起到了较大的推动作用。

8.3.4 密肋复合板结构的应用前景

密肋复合板结构的研究与开发，先后得到国家相关部委及地方政府与多个单位的多方支持，并列入产业化培育项目及国家科技成果重点推广项目，先后编制了陕西省、河北省、青海省等多个地方规程与标准，编制了密肋复合墙体企业标准，得到了住建部及有关省、市行业主管部门及技术监督部门的批准及多个相关单位合作编制了行业标准《密肋复合板结构技术规程》，其产业化将会对企业的技术能力有很大的提升。从 20 世纪 90 年代至今，课题组多位专家学者、工程技术人员通过了大量的实验研究与工程实施，理论分析及工程实践证明，产品集承重、围护、节能与环保为一体，可取代传统的粘土砖墙。墙体主要材料可就地取材，以采用粉煤灰、炉渣等工业废料为主亦可采用其他环保的改性材料，从而节约耕地、保护环境，实现资源的再生利用。本项目发明的移动式自循环系统生产工艺，实现了产品的标准化、机械化及工业化，大大提高了墙体的生产效率。密肋复合板结构在设计与生产方面已获国家多项专利，试验研究结果与示范工程实践证明，与其他同类技术相比，具有明显的先进性和显著的社会、环境及经济效益。与国内外同类技术相比其主要参数对比见表 8-6。

各种结构主要参数对比 **表 8-6**

性能指标	本项目结构	砖混结构	混凝土砌块结构	框架结构	异形柱框架结构	剪力墙结构	短肢剪力墙结构
主要墙体材料	混凝土、粉煤灰轻质材料复合	粘土砖	混凝土	粘土砖或加气混凝土	粘土砖或加气混凝土	混凝土	混凝土及加气混凝土
结构自重比	1.00	1.53	1.38	1.33	1.28	1.43	1.35
承载力	良	良	良	中	中	优	良
变形	良	差	差	良	良	差	中
耗能	优	差	差	优	中	中	中
相同热阻值平均墙厚（mm）	225	490 空心砖墙体 610 实心砖墙体	490	490 空心砖墙体、300 加气现场浇筑与手工砌筑	490 空心砖墙体、300 加气现场浇筑与手工砌筑	610	490
施工工艺	装配整浇	手工砌筑	手工砌筑	现场浇筑与手工砌筑	现场浇筑与手工砌筑	现场浇筑	现场浇筑与手工砌筑
施工工期比	1.00	1.50	1.50	1.33	1.36	1.30	1.30
土建单方造价	1.00	1.05	1.08	1.11	1.10	1.17	1.14
结构平面布置	灵活	受限制	受限制	灵活	灵活	受限制	受限制
房屋净使用面积提高比	1.06	1.00	1.00	0.98	1.00	1.06	1.06

（1）从表中可以看出：砖混结构虽可就地取材，造价低廉，但是墙体用材挖土毁田，浪费耕地，消耗资源。混凝土空心砌块结构虽然可取代传统粘土砖，但是施工较繁，抗震能力一般，同时热、裂、渗、漏问题依然没有很好解决。框架结构平面布置灵活，结构适用性强，是广泛采用的一种传统结构体系，但由于抗侧刚度低，变形大，使得房屋建造高度受到一定限制，特别是在住宅等建筑中大梁大柱的存在使得房间的建筑功能受到限制。异型柱框架结构可很好解决房间中大梁大柱带来的弊端，但柱子的异型截面受力复杂，使得结构的承载力降低，从而在高烈度区应用受到限制。剪力墙结构虽然平面布置没有框架结构灵活，但对于中小开间结构尤为适合，由于其刚度大，变形小，从而使房屋的建造高度大大提高，因此得到广泛的应用，但对于多层或中高层房屋结构，其经济性欠佳，同时保温隔声性能较差。短肢剪力墙结构布置形式多样，不与建筑功能发生矛盾，对于中高层结构尤为适用，但结构抗震性能与高烈度区的应用仍需进一步探讨。复合板节能建筑结构体系是由新型复合墙体与隐型框架装配而成，结构自重轻，有效减少地震作用，降低材料用量和地基处理费用，属中等刚度结构，其受力界于框架和剪力墙结构之间，结构平面布置灵活，刚度可按需要调整。与框架结构相比，承载能力有较大提高；与剪力墙结构相比，变形能力得到显著改善；与砖混结构相比，承载力提高1.6～1.8倍，极限变形为其两倍以上。

（2）新型复合墙体制作简单，既可现场制作，也可工厂化生产，大大减少传统结构高空作业工作量，与传统建造技术相比，缩短工期1/4～1/3。新型复合外墙体225mm厚，其总热阻大于615mm厚粘土实心砖墙，接近490mm厚空心砖墙，已达到现阶段国家节能建筑标准50%。采用本成果的整体外保温技术，可达到国家规划2010年建筑节能65%的目标。土建造价比砖混结构降低4%～6%，比框架结构降低10%～12%，比剪力墙结构降低15%以上，同时因墙体厚度减小还可增加实际使用面积6%～8%。社会及环境效益明显，据统计每建1万m^2的建筑，可避免挖土毁田800m^2，并且增加消耗工业废渣2000～3000m^3，保护了环境，维护了生态平衡。新型复合墙体代替了传统的粘土砖，新型结构体系提升了房屋建筑的可靠性和耐久性，快速建造技术提高了房屋建设速度与水平，建筑节能技术的应用改善了房屋建筑舒适性等优点。

密肋复合板结构是一种节能抗震建筑结构体系，极大地改善了房屋建筑的性能，经济效益很显著，符合国家可持续发展战略，对行业的科技进步起到了推动促进作用，具有很好的推广应用前景。然而作为一种新型结构体系，其研究领域涉及影响因素多，是一个复杂的系统工程，目前还有着许多不完善的地方，在设计理论与方法、建造技术与质量管理及风险控制等方面，仍有很多问题亟待解决与完善，从理论与实践、生态环保、建筑节能与抗震以及应用等需作进一步的研究与开发。

在工程项目的实施过程中，特别应注重设计、施工单位的资质及工程相关人员的职业道德与社会责任感，严格执行国家及行业相关规范、标准要求，进行技术培训与考核，以保障工程质量，为新型节能建筑的推广起到积极的效用。

参考文献

[1] 密肋复合板结构技术规程（DBJ/T 61-43-2006 J 10789-2006）. 西安：陕西省建设厅，2006.
[2] 虞和锡. 工程经济学. 北京：中国计划出版社，2002.
[3] 刘晓君等. 工程经济学. 北京：中国建筑工业出版社，2008.
[4] 林得泉，姚谦峰. 格构板轻型结构节能建筑施工技术. 北京：中国建筑工业出版社，1996.
[5] 李慧民. 建筑工程经济与项目管理. 北京：冶金工业出版社，2009.
[6] 王士川. 建筑施工技术. 北京：冶金工业出版社，2009.
[7] 苏秦. 现代质量管理学. 北京：清华大学出版社，2004.
[8] 姚谦峰，周铁刚，陈平，赵冬. 密肋轻型框架节能结构体系研究与应用 [J]. 施工技术，1999. NO. 4.
[9] 陈平，姚谦峰，赵冬. 轻板框架试验研究 [J]. 西安建筑科技大学学报，1999. NO. 1.
[10] 赵冬，姚谦峰，陈平、密肋轻型框架结构刚度计算 [J]. 西安建筑科技大学学报，1999. NO. 3.
[11] 谢强，姚谦峰、高层轻板框架抗震性能试验研究 [J]. 西安建筑科技大学学报，2000. NO. 3.
[12] 贾英杰. 高层轻板框架拟动力试验研究 [学位论文]. 西安：西安建筑科技大学土木工程学院，2000.
[13] 袁泉. 高层轻板框架振动台试验研究 [学位论文]. 西安：西安建筑科技大学土木工程学院，2000.
[14] 王阿萍. 隔震轻板框架振动台试验研究 [学位论文]. 西安：西安建筑科技大学土木工程学院，1999.
[15] 张文俊. 建设工程项目风险管理理论分析与实践 [学位论文]. 成都：西南交通大学，2005.
[16] 姚谦峰，黄炜. 新型住宅结构体系发展与应用研究综述 [J]. 施工技术，2003. NO. 10.
[17] 周铁刚，姚谦峰，黄炜. 多层密肋复合板结构房屋构造方法 [J]. 施工技术，2003. NO. 10.
[18] 冯志焱，刘丽萍. 土力学与基础工程. 北京：冶金工业出版社，2012.
[19] 胡长明. 土木工程施工. 北京：科学技术出版社，2010.
[20] 姚谦峰. 密肋复合板轻型框架结构理论与应用研究，科学技术研究报告.
[21] 张荫，冯志焱. 岩土工程勘察. 中国建筑工业出版社，2011.
[22] 张荫，王平安. 土木工程地基处理. 科学出版社，2009.
[23] 穆静波. 土木工程施工组织. 同济大学出版社，2009.
[24] 姚谦峰，周铁刚，陈平等. 密肋轻型节能体系 [J]. 施工技术. 1999. (7).
[25] 姚谦峰，周铁钢，黄炜等. 密肋复合板轻框住宅小区施工技术 [J]. 施工技术. 2002. (8).
[26] 周铁钢，姚谦峰. 多层密肋复合板结构受力性能分析及实用设计方法研究 [学位论文]. 西安：西安建筑科技大学. 2003.
[27] 周铁钢，姚谦峰，黄炜等. 多层密肋复合板结构房屋构造方法 [J]. 施工技术. 2003.
[28] 姚谦峰，林得泉. 格构板轻型结构体系 [J]. 施工技术. 1996.
[29] 张荫，周铁钢，姚谦峰. 密肋复合板轻框结构示范小区工程地基处理 [J]. 工业建筑. 2003.
[30] 姚谦峰，陈平，赵冬等. 密肋复合板轻型框架结构理论与应用研究. 见：建设部鉴定资料汇编. 2000.
[31] 陈平，姚谦峰. 轻板框架试验研究 [J]. 西安建筑科技大学学报. 1999 (3)：222～224.

[32] 赵冬，姚谦峰. 密肋复合板框架结构刚度计算 [J]. 西安建筑科技大学学报. 1999、31（增刊）：18～20.
[33] 袁泉，姚谦峰. 密肋复合板轻型框架结构 1/10 房屋模型振动台模拟地震试验研究：[学位论文]. 西安：西安建筑科技大学. 2000.
[34] 周铁钢，张荫，姚谦峰. 密肋复合板轻框结构体系施工 [J]. 工业建筑. 2003.
[35] 张荫，刘扬，姚谦峰. 密肋复合墙结构施工仿真技术研究 [J]. 建设科技. 2008.
[36] 姚谦峰，张荫. 新型建筑结构住宅体系发展与应用 [J]. 工业建筑. 2002.
[37] 姚谦峰，陈平，张荫. 密肋复合板轻框结构节能住宅体系研究 [J]. 工业建筑. 2003.
[38] 曹好，姚谦峰. 密肋复合墙体优化设计研究 [学位论文]. 西安：西安建筑科技大学. 2006.
[39] 姚守严. 施工企业 BIM 建模过程的思考 [J]. 土木建筑工程信息技术. 2012.
[40] 张荫，李慧民，姚谦峰. 密肋复合板结构技术经济分析 [J]. 建筑管理现代化. 2006.
[41] 姚谦峰. 密肋复合墙节能技术研究与应用 [J]. 建筑科技. 2008.
[42] 张荫，姚谦峰，李慧民. 密肋复合板结构体系产业化前景分析 [J]. 施工技术. 2006.
[43] 黄炜，姚谦峰，章宇明等. 密肋复合墙体抗震性能及设计理论研究 [J]. 西安建筑科技大学. 2005.
[44] 姚谦峰，黄炜，田洁等. 密肋复合墙体受力机理及抗震性能试验研究 [J]. 建筑结构学报. 2004.
[45] 张荫，周铁钢，姚谦峰. 密肋复合板轻框结构示范小区工程地基处理 [J]. 工业建筑. 2003.
[46] 杨增科，张荫. 密肋复合板结构工程项目全寿命费用分析方法研究 [硕士学位论文]. 西安：西安建筑科技大学. 2009.
[47] 李良宝. 建设项目施工进度计划仿真研究 [学位论文]. 哈尔滨：哈尔滨工业大学. 2007.
[48] 张荫，李慧民，姚谦峰. 密肋复合板结构全寿命质量控制分析 [J]. 西安建筑科技大学学报. 2007.
[49] 张荫，姚谦峰，李慧民. 密肋复合板结构质量控制方法分析 [J]. 西安建筑科技大学. 2007.
[50] 姚谦峰，黄炜. 新型住宅结构体系发展与应用研究综述 [J]. 施工技术. 2003.
[51] 张荫，李慧民. 密肋复合板结构全寿命质量控制与建造技术研究 [博士学位论文]. 西安：西安建筑科技大学. 2006.
[52] 常鹏. 密肋复合板结构数值计算分析及基于性能（位移）的抗震设计方法研究 [博士学位论文]. 北京：北京交通大学. 2006.